세상에서 제일 간단한 수납정리

세상에서
제일 간단한
수납정리

초판 1쇄 발행	2021년 7월 20일
초판 2쇄 발행	2022년 8월 20일

저자	장이숙 (행복미소)
기획	김은경
편집	이지영
디자인	IndigoBlue

발행처	마음상자		
발행인	조경아		
주소	서울시 마포구 포은로2나길 31 벨라비스타 208호		
전화	02.324.2102	팩스	02.324.2103
등록번호	101-90-85278	등록일자	2008년 7월 10일
이메일	mindbox1@naver.com		
블로그	blog.naver.com/mindbox1		
ISBN	979-11-5635-165-8 (13590)		
값	17,000원		

ⓒ장이숙 2021, printed in Korea

마음상자는 랭귀지북스의 임프린트입니다.

세상에서
제일 간단한
수납정리

수납정리 노하우를 기초부터 알려드려요

수납정리 노하우를 기초부터 차근차근 사진과 함께 설명하여,
독자분들이 직접 정리할 수 있도록 알려드리고 싶었습니다. 깔끔하게
변화되는 집을 보면서 '수납은 마법이에요!', '필요 없는 물건들을
줄이는 것이 최고의 수납정리 방법이네요!'라는 말이 나오실 거예요.

처음에는 집 정리를 시작하는 분들이 물건에 대한 미련을 버리지
못해 수납정리를 어려워했습니다. 그랬던 분들이 집을 정리하면서
수납정리의 중요성을 다시금 느끼게 되었어요. 그리고 이사한 뒤
새롭게 수납하고 정돈된 집 안 사진을 찍어 보내 주셨는데,
'아직은 서툴지만 선생님께 자랑하고 싶어 사진을 보냈어요.',
'알려주신 기본 원칙을 적용하여 따라 해 보니 스스로 정리하게
되더라고요.', '수납과 정리에 자신이 생겨 사무실에서도 재활용
상자를 이용해 책상 정리를 했어요.', '집 안 환경이 달라지는 모습에
집 꾸미는 재미가 커지고 있어요.'라고 해 주셔서 보람을 느꼈습니다.

처음에는 어려워하던 분들도 체계적으로 하나씩 배워 나간다면,
스스로 혼자서도 할 수 있는 것이 바로 수납정리입니다.
어디서부터 어떻게 정리를 해야 할지 엄두가 안 나거나 정리에
소질이 없다는 이유로 시작을 못 하고 있다면, 이 책의 수납정리
기본 원칙부터 익혀 보세요. 차근히 따라 하다 보면, 깔끔하게
변신한 집을 발견하실 수 있습니다.

살림 초보도 전문가가 될 수 있어요

살림은 아무리 해도 끝이 없고, 열심히 해도 티 나지 않아서 힘들다는
것은 누구나 공감할 거예요. 이런 살림을 티 나게 하는 방법이 바로
수납과 정리입니다. 수납과 정리를 잘하면, '살림 초보'도 '전문가'로
변신할 수 있습니다.

먼저, 우리 집을 객관적으로 한번 보세요. 그러고 나서 우리 집
환경에 맞는 나만의 수납과 정리 방법을 찾아 하나씩 실천하세요.
그 노하우가 쌓이면서 자연스레 살림 전문가가 되어 있을 거예요.
'우리 집 살림만큼은 내가 전문가다!'라는 마인드로 도전해 보세요.
단, 이 책을 읽자마자 집 안 정리를 한 번에 하겠다는 마음은 버리세요.
하루 날을 잡아서 온 집 안을 다 정리하겠다고 하면 무리가 됩니다.
매일 조금씩 정리해 주세요. 여러 날에 걸쳐 조금씩 정리해야 지치지
않습니다. 꾸준히 하다 보면, 주변 환경을 깨끗하게 바꿀 수 있습니다.

정리 정돈이 제대로 되어 있다는 것은 물건들이 제자리에 잘 수납되어
있다는 뜻입니다. 수납이 잘 되어 있으면 정돈이 편해지고, 정돈이 편해지면
청소는 한층 더 쉬워집니다. 체계적인 수납 방법으로 정돈 상태가
잘 유지되면, 집안일 시간이 단축될 뿐만 아니라 힘도 덜 들게 되어
그만큼 내 시간이 늘어납니다.

책이 나오기까지 집안일을 함께하며 묵묵히 지켜봐 주고 끝까지 응원해 준
남편과 아들, 원고 모니터링과 살림까지 도와준 딸!
글을 쓰는 동안 힘이 되어 준 가족에게 고맙고 미안한 마음을 전합니다.
그리고 힐링과 사랑의 힘을 느끼게 해 준 많은 분들께 감사 인사를 드립니다.

저자 **장이숙**

차례

PART 1
수납하기

🏠 1
정리정돈이 어려운 이유 4가지

🏠 2
청소가 쉬워지는 정리정돈 순서

🏠 3
수납 기본 원칙 6가지

PART 2
옷장

차례

PART 3
주방

PART 4
아이방·거실·욕실·다용도실

1
아이방 수납하기

2
현관·거실 수납하기

3
욕실 수납하기

4
다용도실·베란다 수납하기

수납정리 기본 & 도구

수납정리의 기본, 재활용품을 활용한 수납 도구,
가성비 높은 수납 도구, 수납 바구니 구입 요령을 살펴볼게요.

1 수납정리 기본 3가지

음식을 맛있게 만들기 위해 요리학원에서 요리를 배우는 것처럼 집 안 수납정리도 배우는 시대가 되었습니다. 심지어 '수납 컨설턴트'를 고용하여 집 안 정리를 하기도 합니다. 다양한 물건을 쉽게 구매할 수 있다 보니, 집에 물건이 쌓이면서 수납이 제대로 안 되는 것이 현실입니다. 수납을 제대로 하고 싶지만 방법을 모르니, 남들이 쓰는 수납 도구를 무작정 사들이게 됩니다. 하지만 수납 도구가 있다고 해서 수납을 잘하는 것은 결코 아닙니다. 고급 자재로 비싸게 집을 꾸며도 거주자의 성향이나 활용도 등에 적합하지 않는다면 불편합니다. 수납정리 방법도 사용자의 성향에 맞춰서 해야 합니다. 그렇다면 어떻게 해야 많은 물건을 효과적으로 수납정리할 수 있을까요?

우선 수납의 기본 순서와 방법을 알아야 합니다. 그래야 수납정리 후 유지도 잘할 수 있습니다. 수납정리의 기본부터 정리된 수납을 유지하는 방법까지 하나씩 알아볼게요.

1	2	3
집 안 환경에 맞는 수납 도구 고르기	집 안 환경에 맞게 수납 도구 만들기	재활용품이나 저렴한 수납 도구 활용하기

✦ 집 안 환경에 맞는 수납 도구 고르기

집 안을 수납정리할 때 가장 먼저 수납 도구 구입부터 하는데, 대부분 세트로 사거나 디자인을 보고 결정합니다. 수납 장소와 방법을 정하기 전에 구입한 수납 도구는 오히려 짐이 되기도 합니다. 먼저 저렴한 생활용품점에서 수납 도구를 살펴보세요. 그 후 집 안 수납을 어떻게 할 것인지 계획한 뒤, 거기에 맞는 수납 도구를 구입하세요.

✦ 집 안 환경에 맞게 수납 도구 만들기

시중에서 파는 수납 도구들이 우리 집 수납 환경에 딱 맞는 경우는 흔치 않습니다. 집집마다 구조와 보유한 가전제품, 가구 등 모두 다릅니다. 그래서 우리 집에 딱 맞게 재활용품을 활용해 수납용품을 직접 만들면 좋습니다. 펜치나 가위 같은 몇 가지 도구만 있으면 얼마든지 환경에 맞는 적당한 수납 도구를 만들 수 있습니다.

✦ 재활용품이나 저렴한 수납 도구 활용하기

생활용품점에서 마땅한 것을 찾지 못했다면, 주변에서 쉽게 구할 수 있는 재활용품을 활용해 보세요. 우유팩이나 플라스틱 요구르트병, 페트병, 세탁소 옷걸이 등은 훌륭한 수납 도구가 될 수 있습니다. 수납이 서툰 초보자들에게는 도구 선택에 대한 실패 부담도 적어져요. 저렴한 생활용품을 파는 마트를 잘 활용하면 나에게 맞는 적당한 수납 도구를 찾을 수 있고, 이를 다시 활용하여 새로운 수납 도구를 만들 수 있습니다.

2 재활용품을 활용한 수납 도구 베스트 5

한 번 쓰고 버리는 일회용품들은 그냥 버리면 쓰레기에 불과하지만,
잘 활용하면 유용한 물건으로 거듭나 최상의 수납 도구가 됩니다.

✦ 세탁소 옷걸이

드라이클리닝을 맡기면 셔츠나 바지를 걸어 주는
데, 이 세탁소 옷걸이를 버리는 경우가 많아요. 잘
활용하면 실용적인 수납 도구가 됩니다.

⬆ 행주, 고무장갑 건조대로 활용   ⬆ 옷장에 가방 걸이로 활용

✦ 우유팩 & 사각 요구르트병

우유팩과 사각 요구르트병은 쉽게 구할 수 있는 재
활용품이면서, 가위로 자르고 클립으로 고정만 하
면 되는 간편하고 효율적인 수납 도구입니다.

⬆ 서랍 높이에 따라 우유팩 방향을
　다르게 활용   ⬆ 서랍에 자투리 공간이 안 남도록
　맞춤형 수납 도구로 활용

✦ 플라스틱 우유통

손잡이가 있는 플라스틱 우유통은 물이나 잡곡을
담아 두는 용도로 많이 사용하는데, 칼과 가위를
이용하여 잘라 주면 수납 도구로 충분히 사용할 수
있어요.

▲ 플라스틱 우유통을 포개 공간 확보에
용이

✦ 페트병

생수병 같은 사각 모양 페트병은 습기에도 강해 냉
장고 수납 도구로 좋아요.

▲ 싱크대 문 안쪽에 새로운 수납공간

▲ 투명해서 찾기 쉬움

✦ 종이 상자

과일 상자, 과자 상자, 두유 상자 등 두껍고 탄탄한
종이 상자는 활용 방법에 따라 훌륭한 수납 도구가
됩니다.

▲ 통일된 크기로, 쉽고 단정한 수납이
가능한 과일 상자

▲ 종이 상자를 4등분으로 나눠 자르고
위치만 바꾸면 다양한 수납 칸으로 활용

3 가성비 높은 수납 도구

✦ 막대형 밀봉 도구

남아 있는 식재료 봉지를 접어 그대로 밀봉할 수 있는 막대형 수납 도구예요. 공기와 습기를 외부로부터 차단해 신선함을 유지시켜요. 부피가 작아 보관 시 자리를 차지하지도 않아요.

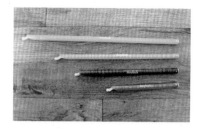

♠ 다양한 길이의 밀봉 도구

✦ 납작 용기

한 번 사용할 만큼씩 담아 냉동할 수 있도록 하는 냉동실용 용기예요. 식품을 얇게 펴서 얼리면, 냉각과 해동이 빠르고 얼린 뒤에 수납공간도 덜 차지합니다. 다양한 크기가 있어요.

♠ 1회분씩 나눠 냉동

✦ 투명 아크릴판

냉동실 문에 용기를 포개어 수납했을 때 쌓인 높이가 높으면 문을 여닫을 때 용기가 떨어질 수 있어요. 이럴 때 투명 아크릴판을 활용하면 쓰러짐도 방지되고, 내용물도 잘 보여요.

♠ 인터넷 주문 제작

✦ 긴 수납 바구니

활용도가 매우 높은 수납 바구니입니다. 일반적으로 수납장에 바구니를 사용하면 자투리 공간이 생기지만, 길이가 길어서 바구니 1개로도 깊은 곳까지 한번에 수납할 수 있어요.

⬆ 칸막이 위치 조정이 자유로운 수납 바구니

✦ 멀티 직사각 바구니

다양하게 사용되는 다소 넓은 크기의 바구니예요. 넓은 바구니는 담은 물건 무게를 이기지 못하고 휘청이는 경우가 많은데, 이 바구니는 무거운 물건을 가득 담아도 튼튼해요.

⬆ 옷장, 수납장 등 다양한 곳에서 활용

✦ 벽걸이용 바구니

벽걸이용 바구니로, 바구니 가장자리에 턱이 없어 문에 안정적으로 밀착하여 고정할 수 있어요. 수납장 문 안쪽에 부착하여 자투리 공간 활용에 적합합니다.

⬆ 수납장 문 안쪽 남는 자투리 공간 활용

✦ 씽크인 스페이스 선반 (일반형)

선반 밑에 있는 자투리 공간을 활용해 더 많은 물건을 효율적으로 수납하게 해 줘요.

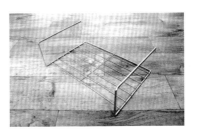

⬆ 수납장 선반 아래 남는 공간 활용

✦ 식기 정리대

작은 접시, 밥뚜껑 등을 2단으로 포개 수납하는 정리대예요. 그릇 크기에 따라 위아래 방향을 바꿔 사용해도 됩니다. 용도에 따라 세로 방향으로도 활용하세요.

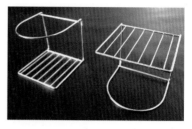

↟ 2단으로 공간 활용

✦ 플라스틱 3단 책꽂이

플라스틱 3단 책꽂이는 싱크대 선반에 넣으면 접시를 책처럼 세워서 수납하기 적당한 크기입니다. 책꽂이 바닥에 홈이 파여 있어서 둥근 접시도 안 미끄러지게 사용할 수 있어요.

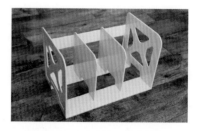

↟ 접시를 세로 수납하면 꺼내기 쉬움

✦ 주방 다용도 걸이

주방에서 각종 조리 도구를 거는 다용도 걸이예요. 신발장에 달면 우산을 걸고, 옷장 문안 쪽에 달면 벨트, 지퍼형 넥타이, 목걸이 등을 걸기에 편리해요. 고리 개수가 10개 정도로, 많이 수납할 수 있어서 좋아요.

↟ 고리 개수가 많은 다용도 걸이를 이용

✦ 다보 나사

다보 나사를 이용하면 수납공간의 높이에 따라 선반의 위치를 이동하거나 선반을 추가할 수 있어요. 수납장 선반을 받쳐 주는 지지대 역할을 하는데, 구멍을 뚫어 끼우는 형태보다 드라이버로 고정시키는 것이 사용하기 쉽고 간편해요.

↟ 다보 나사

✧ 논슬립 바지걸이

한쪽이 개방되어 있어 걸려 있는 바지나 스카프를 잡아당기기만 해도 꺼낼 수 있고, 다시 편하게 걸 수도 있어요. 크롬 재질로 코팅되어 있어, 옷 손상 없이 흘러내림도 방지되는 옷걸이입니다.

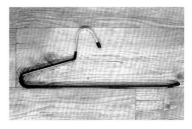

↟ 공간을 덜 차지하는 논슬립 바지걸이

✧ 네트망 일자 훅

벽면에 못 박기 또는 실리콘으로 붙이는 행거를 사용하기 불편하거나 불가능할 때, 네트망 일자 훅은 유용해요. 네트망을 설치한 뒤 필요한 위치에 언제든 쉽게 걸고 뺄 수 있고, 끝부분이 꺾여 있어 흘러내리는 것도 방지하는 유용한 수납 도구예요. 길이도 다양해요.

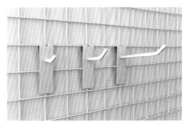

↟ 네트망에 걸어서 사용하면 편리

✧ 벨크로 케이블 홀더

벨크로 타입으로 된 케이블 홀더로, 복잡하게 엉키는 전선을 감싸 고정시켜 전선을 쉽게 정돈할 수 있습니다.

↟ 재사용이 용이한 벨크로 밴드

✧ 배관 롱브러시

솔 길이가 72cm 정도 되는 배관 청소용 솔로, 배관에 맞게 휘어지게 되어 있어 일반 솔로 닿기 힘든 부분의 때까지 깔끔하게 청소할 수 있어요.

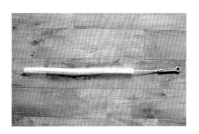

↟ 배관 청소용 브러시

✦ 스텐 수건걸이

스텐 수건걸이는 욕실에서 수건걸이로 사용하는데, 수납장 문 안쪽에 있는 자투리 공간에 2개를 세로로 나란히 고정하면, 행주나 목도리 등을 수납하기에 좋아요.

↑ 개수대 하부장 문 안쪽 공간 활용

✦ 북스탠드

북스탠드는 책이 쓰러지는 것을 방지합니다. 수납장이나 서랍 등 여러 곳에서 쓰러짐 방지 역할을 하여 공간 활용에 좋아요. 냉동실 문을 열 때 문 쪽에 냉동해 둔 물건이 떨어지는 것도 방지해 줘요.

↑ 활용도가 높은 북스탠드

4 수납 바구니 구입 요령

생활용품점에는 다양한 크기와 디자인의 수납 바구니들이 있습니다. 예쁘다는 이유만으로 수납 바구니를 고르면 사용도 못해 보고 애물단지가 될 수도 있습니다. 수납 바구니 구입 요령을 알아보겠습니다.

✦ 필요한 용도와 크기를 꼼꼼하게 확인한다

수납공간의 크기와 용도를 꼼꼼하게 확인하고 필요한 수납함의 크기를 메모합니다. 줄자도 함께 챙겨 생활용품점에 가서, 바구니의 규격을 확인하거나 직접 잰 후 원하는 크기의 바구니를 찾으세요. 수납하려는 곳이 깊다면 같은 크기의 바구니 2개를 케이블 타이로 연결하여 하나의 긴 바구니처럼 사용하세요. 자투리 공간을 효율적으로 활용할 수 있습니다.

↑ 바구니 2개를 연결해 효율적 공간 활용

수납 TIP **원형보다 사각형**

대부분 수납공간은 사각형이므로 수납 도구나 칸막이를 활용할 때 사각형 도구를 이용하는 것이 좋습니다. 사각형은 공간에 빈틈이 없어 효율적이지만, 원형은 못 쓰는 공간이 생겨요.

✦ 모양과 크기를 통일한다

수납 바구니를 같은 모양, 같은 색상으로 통일해서 구입하세요. 훨씬 효율적으로 수납되고 시각적으로도 깔끔해 보여요.

⬆ 수납에 안정적이고 미관상 정돈된 느낌

✦ 위와 아래 크기가 같은 수납 바구니를 구입한다

수납 바구니를 구입할 때 윗부분과 아랫부분의 크기를 고려해야 합니다. 아랫부분이 좁은 수납 바구니는 나란히 두면 아래에 빈 공간이 생겨, 수납 후에도 비효율적인 경우가 많아요. 위와 아래의 크기가 동일한 수납 바구니를 구입하세요.

⬆ 위와 아래의 크기가 다를 때 : 아랫부분에 빈 공간

⬆ 위와 아래의 크기가 같을 때 : 빈 공간 없이 효율적 수납

PART
1
수납하기

1

정리정돈이 어려운 이유 4가지

기분전환으로 충동구매를 하는 경우가 종종 있어요.
그런 물건들이 쌓이면서 집은 지저분해져요.
'왜 우리 집은 정리가 안 되는 걸까?'라고 생각될 때, 다음 4가지를 확인하세요.

1	2	3	4
불필요한 물건을 못 버린다	수납공간은 생각하지 않고 물건을 산다	물건에 '지정석'이 없다	정리정돈하는 습관이 없다

1 불필요한 물건을 못 버린다

'정리가 어렵다'라는 사람들의 가장 큰 공통점은 불필요한 물건을 버리지 못한다는 거예요. 집 안에 들인 물건을 버리지 못해 사람이 쉬는 공간까지 물건들에 내주어, 주객이 바뀐 생활을 하는 집이 많습니다.

보통은 집 안 물건의 20% 정도만을 사용한다고 해요. 80%나 되는 많은 물건이 '잡동사니'에 불과한 것이죠. 이런저런 이유에 얽매이지 말고 물건 줄이기에 도전해 보세요. 다이어트를 하면 건강해지는 것처럼, 물건 줄이기 다이어트로 집도 건강하게 만들 수 있습니다.

↑ 정리 후 나온 불필요한 물건들

2 수납공간은 생각하지 않고 물건을 산다

마트에 가면 '1+1' 행사 제품이나 사은품 때문에 필요하지 않은 물건을 구입하는 경우가 많아요. 사은품을 받으려 물건을 구입한 뒤, 집에 가져오면 놓을 곳이 없는 경우가 많아요. 음식도 마찬가지예요. 제때 다 먹지 못하고 냉장고에서 자리만 차지한다면, '1+1' 제품이라도 한 개만 살 때보다 과소비가 되고 음식 쓰레기로 버리게 됩니다.

물건을 살 때는 항상 제때 소비할 수 있는 분량인지, 우리 집에 꼭 필요한 물건인지, 수납해 둘 공간이 있는지 등을 잘 따져보고 구입해야 해요.

♠ 수납공간을 생각하지 않고 구입한 물건이 베란다에 쌓인 모습

🗄 3 물건에 '지정석'이 없다

정리가 안 되는 집에는 '물건 지정석'이 없어요. '물건 지정석'이란, 물건을 사용하고 원래 위치에 되돌려 놓을 수 있는 그 물건만의 '자리'를 말해요. 학교나 회사에도 자신의 자리가 정해져 있고, 영화도 지정된 자리에서 보는 것처럼 우리가 매일 쓰는 물건에도 지정석을 만들어 주는 것이 좋아요. 물건의 지정석을 만들기 위해서는 각 물건의 목적이 무엇인지를 파악하고 그 목적에 맞는 자리에 두어야 합니다. 김치냉장고가 아이방에 있거나, 아이 옷이 안방 옷장에 있거나 하면 온 집 안이 뒤죽박죽이 되겠죠. 장소와 목적에 맞는 물건의 지정석을 정하면, 정리정돈도 쉬워지고 깨끗하고 조화로운 생활공간을 만들 수 있어요.

⬆ 물건 놓을 자리를 찾지 못해 베란다에 물건을 갖다 두어 어수선함

⬆ 물건을 제자리에 놓지 않아 산만함

4 정리정돈하는 습관이 없다

좋은 수납 방법을 알아도 물건을 제자리에 두는 습관이 없으면 아무 소용이 없습니다. 정돈은 분명히 습관에서 나옵니다. 사용했던 물건을 그때그때 정돈하는 습관을 들이면 방이 엉망진창으로 어질러지는 일도 없을 거예요.

▲ 화장대 위에 물건을 얹어 두고, 개어 놓은 빨래도 옷장에 넣지 않아 방치된 상태

2
청소가 쉬워지는 정리정돈 순서

지금부터 소개할 내용은 '청소가 쉽고 빨라지는 정리정돈 순서 5단계'입니다.
효율적인 정리·수납법을 모르는 사람, 어디부터 시작할지 모르는 사람,
정리는 했지만 유지가 힘든 사람 등 여러 문제로 청소가 어려운 사람들에게 도움이 될 거예요.

1	2	3	4	5
필요한 물건만 남기기	사용 목적이 같은 종류끼리 분류하기	동선에 따라 물건 '지정석' 정하기	효율적인 수납 방법으로 정돈하기	정돈된 환경 유지·관리하기

1 필요한 물건만 남기기

정리가 안 되는 집의 공통점은 수납공간에 비해 물건이 많다는 거예요. 물건은 많고 정리 방법도 모르면 상황이 더 심각해지죠. 급기야 물건에 치여 정리에 대한 의욕마저 없어져요. 물건이 늘어난다고 공간이 함께 늘어나는 것은 아니에요. 그래서 우선은 물건 양을 줄여야 합니다.

가장 쉽고 빠른 정리는 '불필요한 물건 과감하게 버리기'입니다. 물건 줄이기만으로 정리정돈의 50% 이상을 완료했다고 해도 과언이 아니에요. 그렇다고 무조건 버리라는 것은 아닙니다. 나만의 기준을 정해서 생활에 꼭 필요한 것만 남기고 물건을 최소화하는 것이 중요해요.

예를 들어, '최근 1~2년 사이에 사용하지 않은 것', '더 이상 손이 가지 않는 물건' 같은 기준을 정하세요.

물건 줄이기로 공간을 확보하는 것도 중요하지만, 물건을 늘리지 않도록 생활습관을 바꿔 나가는 것도 매우 중요합니다. 잘 실천한다면 정돈과 청소에 대한 부담도 덜 수 있어요. 정리는 특정한 날을 잡아 한꺼번에 하기보다 하루에 10~30분, 하루에 서랍장 하나 등 목표를 잡고 매일 조금씩 실천하세요. 한 번에 하는 것보다 힘이 덜 들어 쉽게 포기하지 않게 돼요. 오히려 매일매일 집 안이 변하는 모습을 보며 성취감을 느낍니다. 물건을 버리는 것이 아깝다면, 재활용이나 기부, 나눔을 하는 것도 좋은 방법입니다.

우리가 사는 공간은 비좁은 것이 아니라 단지 우리가 비좁게 살고 있을 뿐입니다. 버리고 비운만큼 새로운 공간 확보가 된다는 것을 기억하세요. 정돈이 잘 된 단순한 생활공간은 여유롭고 안정된 마음으로 살아갈 수 있는 밑바탕이 됩니다.

🔲 2 사용 목적이 같은 종류끼리 분류하기

집 안 정리정돈이 기술을 배웠다고 해서 바로 되는 것은 아니에요. 하나씩 실천하다 보면, 어떤 물건이 어디에 자주 필요한지, 어디에 두면 사용하기 편리한지 등의 분류가 보여요. 나중에는 물건만 봐도 분류를 하게 되고, 물건을 최소화하는 요령도 생깁니다.

수납장 정리정돈을 제대로 하겠다고 수납장의 물건을 모두 바닥에 쏟아 붓고 하나씩 분류 상자에 나눠 담기 시작했다고 가정해 보세요. 요령 없이 시작하면, 수납장을 바닥에 펼치는 순간부터 시간과 노력은 2배가 돼요. 정리하다가 중간에 멈추기라도 하면 바닥에 있는 물건, 분류한 물건, 텅 빈 수납장까지 엉망인 상태가 되어 버립니다.

이런 경우는 수납장에서 물건을 하나씩 꺼내면서 나만의 기준(버릴 것과 사용할 것, 기증할 것 등)으로 분류한 뒤, 미리 준비한 분류 상자에 담으면 정리 작업을 줄이고, 시간도 많이 단축됩니다.

물건 줄이기, 분류 같은 모든 정리 작업은 한꺼번에 하기보다는 매일 조금씩 꾸준히 하세요. 남긴 물건을 목적에 맞는 자리에 두어야 한다는 것이 중요해요. 처음에는 정돈이 안 된 것처럼 보일 수 있지만 목적에 맞는 장소에만 있어도 사용이 훨씬 편하고 수납이 수월합니다.

3 동선에 따라 물건 '지정석' 정하기

사용할 물건을 남기고 목적에 따라 분류했다면, 이제 물건이 어디에서 사용되는 것인지를 파악하고 너저분하게 널려 있지 않도록 위치를 정해 '지정석'을 만들어 줍니다. '지정석'을 정할 때 가장 염두에 둘 것은 사용하는 장소에서 가장 가까운 곳에 지정석을 만든다는 것이에요. 이렇게 지정석을 두면, 사용 후 원상태로 돌려놓기도 편하고, 다시 사용할 때 물건을 찾는 시간도 최소화할 수 있어요. 사용 습관이나 빈도에 맞게 지정석을 정하면 편리합니다.

수납 TIP 자주 쓰는 물건일수록 꺼내기 편한 위치에 둔다

물건의 사용 빈도, 특성, 신체 치수 등을 고려하여 수납 위치를 정하세요.
자주 사용하는 물건일수록 눈높이에서 손끝까지의 높이에 수납하면 꺼내기 쉽고 편리합니다.
키보다 높은 곳에는 사용 빈도가 낮고 가벼운 물건을 수납하고, 바닥과 무릎 사이에는 사용 빈도가 낮고 무거운 물건을 수납하세요.

거의 쓰지 않는 가벼운 물건

가끔 쓰는 물건

자주 쓰는 물건

가끔 쓰는 물건

거의 쓰지 않는 무거운 물건

🗄 4 효율적인 수납 방법으로 정돈하기

수납의 가장 큰 목적은 물건을 보기 좋게 쌓는 것이 아니에요. 모든 물건을 한눈에 볼 수 있게 해서 꺼내기 쉽고, 사용한 물건을 되돌려 놓기 쉽게 하는 것이에요. '무엇을, 어디에, 어떤 방식으로 넣을지'를 고민해서 효율적으로 수납을 해 보세요.

수납 방법이라 해서 정해진 공식은 없어요. 같은 물건과 공간이 주어지더라도 사용자 성향과 사용 빈도에 따라 수납이 달라집니다. 나에게 편리한 수납 방식이 다른 사람에게도 최적이라고 볼 수는 없어요. 내가 사용하기 편하고, 넣고 빼기 쉽게 수납하는 것이 최고의 방법이에요.

물건은 '무엇을, 어디에, 어떤 방식으로 넣을지'를 고민해서 효율적으로 수납을 하되, 80% 정도만 채우고 나머지 공간은 비워 두어야 사용하기에 편리합니다. 그리고 새로운 물건 구입은 공간부터 비우고 하세요.

🗄 5 정돈된 환경 유지·관리하기

수납을 잘하는 것도 중요하지만 정돈 상태를 잘 유지하는 것도 중요합니다. 새로운 물건을 늘릴 때는 우리 집에 수납할 공간이 있는지, 꼭 필요한 물건인지 먼저 따져 보세요. 쾌적한 환경 유지를 위해서는 사용 후 제자리에 두는 습관 들여야 해요. 항상 쾌적한 공간을 유지하는 가장 좋은 방법은 사용한 물건을 제자리에 두는 습관을 갖는 것입니다. 다른 가족에게 잔소리를 하기보다 자신부터 습관을 가져 보세요. 그러면 다른 가족도 무의식 중에 학습이 되어 쾌적한 공간을 공유하게 됩니다.

불필요한 물건을 과감하게 줄이는 '용기', 구매할 때 그 물건이 꼭 필요하고 수납공간은 충분한지 현명하게 따져보는 '지혜', 사용한 물건을 바로 제자리에 두는 '습관', 이 세 가지만 지키면 쾌적하게 정돈된 환경을 유지하고 관리할 수 있어요.

3

수납 기본 원칙 6가지

청소가 쉽고 빨라지는 정리정돈 순서를 앞에서 배웠어요.
이제 수납의 기본 원칙에 대해서 알아볼게요.
다음의 6가지 기본 원칙에 따라 수납을 하면, 쾌적한 상태가 유지됩니다.

1	2	3	4	5	6
연상 수납	끼리끼리 수납	칸막이 수납	세로 수납	서랍식 수납	이름표 붙이기

1 연상 수납

'연상'은 하나의 생각이 다른 생각을 불러일으키는 것을 말해요. 이 원칙은 어떤 물건을 보고 그 물건과 공통점이 있는 것을 연상하여 함께 수납하는 방법이에요. 물건 위치가 생각나지 않아도 비슷한 물건과 연상하여 쉽게 찾을 수 있어요. 이렇게 수납하면 물건을 찾을 때도, 제자리에 돌려놓을 때도 수월해요.

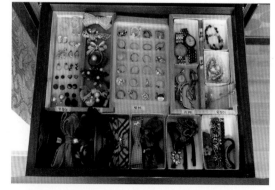

↑ 액세서리 연상 수납(귀걸이, 반지, 시계, 목걸이 등)

32

🗄 2 끼리끼리 수납

같은 종류의 물건끼리 모아서 수납하는 방법이에
요. 이렇게 수납하면, 정돈하기도 물건 찾기도 훨
씬 쉬워져요. 연상 수납을 하고 나서, 그 수납공간
안에서 같은 종류끼리 분류하여 수납하면 됩니다.

⬆ 같은 종류 옷끼리 수납(긴소매, 겉옷, 바지 등)

🗄 3 칸막이 수납

수납 칸막이는 한 공간에서 물건을 세부적으로 영
역을 나눠 분류할 때 사용하는 도구예요. 정리정
돈을 잘했더라도 수납 칸막이를 사용하지 않으면,
얼마 지나지 않아 물건이 뒤죽박죽됩니다. 특히 수
납공간이 넓다면 수납 칸막이를 잘 활용해 보세
요. 정돈 상태가 훨씬 오랫동안 유지됩니다.
수납 칸막이는 작은 물건일수록 유용하고 활용도
가 높아요. 원하는 칸막이 모양을 구하기가 어렵
다면, 우유팩 같은 재활용품을 활용해서 만들 수
있어요. 이때 수납공간을 너무 세부적으로 나누어
도 불편할 수 있으니 적절한 크기로 나눕니다.

⬆ 서랍 공간에 맞게 적절한 크기로 나눈 칸막이 수납

⬆ 수납 칸막이로 정돈 상태를 오래 유지

🗄 4 세로 수납

물건을 수납할 때 가로로 눕혀서 포개어 정돈하는
경우가 많아요. 이렇게 수납을 하면 원하는 것을
꺼내기가 어렵고, 꺼낸다고 해도 정돈된 상태가
흐트러지죠. 반면 물건을 세워 '세로 수납'을 하면,
꺼낼 때 흐트러지지 않고 더 많은 양을 수납할 수
있어요. 또한 어떤 물건이 수납되었는지가 한눈에
보여 물건 찾기가 훨씬 쉬워요.

↟ 찾기 쉽고 꺼낼 때 흐트러지지 않는 세로 수납

🗄 5 서랍식 수납

장롱이나 냉장고처럼 속이 깊은 선반은 수납도 어
렵고, 수납된 물건을 꺼내기도 쉽지 않아요. 이때
상자나 바구니를 활용하여 수납하면, 안쪽에 있
는 물건까지 손쉽게 꺼내는 선반 수납을 할 수 있
습니다. 서랍을 빼듯이 선반에서 바구니를 앞으로
잡아당기면, 뒤쪽에 있는 물건까지 다 보여 찾기
도 쉽고 다시 되돌려 놓기도 편해요. 선반 뒤쪽 공
간까지 알뜰하게 사용할 수 있어 많은 물건을 효
율적으로 수납할 수 있습니다.

↟ 뒤쪽 공간까지 사용 가능한 서랍식 수납

6 이름표 붙이기

이름표를 붙이면, 어떤 물건이 들어 있는지 쉽게 찾을 수 있어요. 게다가 사용한 물건을 제자리에 돌려 놓기도 쉬워집니다. 이름표 하나만으로 분류도 쉽고 사용 후 되돌려 놓는 습관까지 기를 수 있어요.

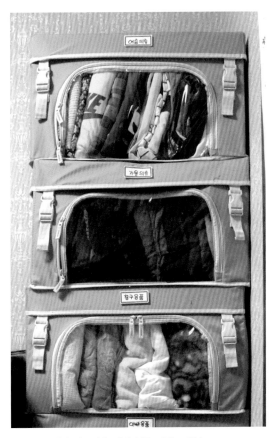

↑ 물건 찾기와 되돌려 놓기가 쉬운 이름표 수납

PART
2
옷장

1

옷장 수납하기

옷장 안을 깔끔하고 사용하기 편리하게 수납하려면,
거는 옷과 접는 옷을 나누는 것이 중요해요.
옷 접는 방법에 연연하면 옷장 정리에 금방 지쳐서 포기하게 돼요.
옷을 평상시 습관대로 접더라도 종류별로 분류하고, 세로 수납을 하되
수납 칸막이를 활용하여 흐트러짐만 방지해 주면 옷장 수납은 그리 어렵지 않아요.

1	2	3	4
입지 않는 옷 처분하기	2:8 법칙으로 버리기	수납 방법 결정하기	옷걸이 활용하기

1 입지 않는 옷 처분하기

계획 없이 옷을 계속 사면 옷장이 꽉 차서, 몸에 비유하면 비만 상태가 돼요. 옷을 더 넣을 공간도 없고, 원하는 옷을 찾기도 쉽지 않게 되죠. 건강을 위해 다이어트가 필요하듯 옷장 다이어트를 시작해 보세요. '비싼 옷인데, 다이어트해서 입을 거야'라는 생각에 안 입는 옷을 버리는 데 주저하지 마세요. 그사이 유행이 지나버려요. 옷도 옷장 속에 오래 두면 낡아요. 옷 상태가 조금이라도 괜찮을 때 필요한 사람에게 나눔 하는 것도 좋은 방법입니다.

그리고 매일 조금씩 버리세요. 옷을 한 번에 다 꺼내 놓으면 무엇부터 버릴지 고민하다가 옷장 속으로 다시 넣게 돼요. 한꺼번에 정리하기 힘들다면, 매일 1~2벌씩 버릴 옷을 빈 상자에 담아 보세요.

2 2:8 법칙으로 버리기

대부분 사람들은 평소 옷장 안에 있는 옷 중에서 20% 정도만 자주 입는다고 해요. 나머지 80%는 보관하느라 자리만 차지해요. 이것을 '2:8 법칙'이라고 합니다. 옷을 과하게 수납하면 통풍이 제대로 되지 않아서, 옷이 숨쉬기 힘들 뿐만 아니라 옷에 손상이 생깁니다. 옷장 안쪽에 잘 입지 않는 옷을 두면 더 손이 안 가게 되고요. 이런 문제를 해결하려면 옷 전체 수량을 과감하게 줄이세요. 그러면 새로운 옷이 들어갈 공간도 생깁니다. '2:8 법칙'을 생각하면서 옷 총량을 줄이면, 옷장 관리가 훨씬 쉬워집니다.

수납 TIP **옷장 옷 줄이는 방법**

옷장의 옷을 줄이고 싶으면 옷장에서 꺼내 먼저 생각해 보세요. 버릴지 나누어 줄지, 아니면 입을지를 말이죠.
1년 이상 안 입은 옷이라면 과감하게 빨리 버리세요.
5초 이상 생각하면 다시 옷장으로 들어가게 돼요.
안 입는다는 생각이 들면, 버리거나 기증하세요. 그래야 옷장의 옷이 줄어요.

↑ 옷장에서 꺼낸 안 입는 옷, 버리거나 기부하는 방법으로 옷장 관리

3 수납 방법 결정하기

옷장 수납을 위해 먼저 상의와 하의, 철 지난 옷과 지금 입는 옷, 섬유 소재 등을 기준으로 세운 뒤, 옷을 끼리끼리 분류합니다. 그다음 옷걸이 봉을 사용할지, 선반이나 서랍에 접어서 보관할지 생각하고, 가로 수납을 할지 세로 수납을 할지를 판단해서 수납 방법을 정해야 합니다.

✦ 옷걸이 봉 부착하여 수납하기

옷장은 용도에 맞춰 공간을 조절해야 합니다. 일반 가정에서는 대부분 선반식 옷장을 그대로 사용할 거예요. 이렇게 그대로 쓰면 옷을 찾기도, 제대로 보관하기도 힘들어요. 선반 대신 옷걸이 봉으로 교체해 보세요. 선반 2칸 정도를 빼내어 옷을 걸 수 있는 공간을 만듭니다. 빼낸 선반은 위치를 변경하여 선반 간격을 좁혀 자투리 공간을 최소화합니다.

 수납 TIP **미끄러운 소재**

등산복처럼 미끄러운 소재는 옷걸이에 걸어 수납하세요. 접는 시간을 줄이고 정리정돈이 잘 유지됩니다.

 수납 TIP **선반 간격 조절**

접은 옷을 세워서 수납한다면 선반 간격을 20cm 정도로 하세요. 선반을 추가하여 남는 공간을 없애, 수납이 훨씬 간편해집니다.

↑ 옷장 선반을 그대로 사용한 모습

↑ 옷걸이 봉을 부착하고 선반 위치 변경

↑ 선반을 2칸에서 3칸으로 늘려서 수납

수납 TIP **선반 높이 조절하기**

일반 옷장은 선반 높이가 일률적인데,
'다보 나사'로 높이를 조절해 보세요.
남는 공간 없이 수납이 가능해요.
'다보 나사'는 선반이 고정될 수
있도록 옷장에 부착하는 나사로,
인터넷이나 철물점에서 살 수 있어요.
이 나사가 없다면, 길이가 짧으면서
머리 부분이 큰 일반 나사못을
사용해도 됩니다.

⬆ 다보 나사

⬆ 높이를 다르게 조절한 선반

⬆ 선반 재배치로 자투리 공간 최소화

✦ 세로 수납하기

대부분 선반에 옷을 가로로 수납해요. 이러면 아래 있는 옷을 꺼내면서,
개어 놓은 옷이 흐트러지게 됩니다. 옷을 보다 많이 편리하게 수납하려면,
수납용 바구니를 서랍식으로 사용해 세로로 수납하세요. 선반 안쪽에 있
는 옷도 정돈된 상태로 쉽게 꺼낼 수 있어요.

⬆ 가로 수납 : 아래 옷을 꺼낼 때 흐트러짐

⬆ 세로 수납 : 수납 바구니를 이용,
옷 정돈 상태 유지

✦ 서랍식 수납하기

옷장 선반의 깊이는 보통 50~55cm입니다. 바구니 2개를 연결해서, 소품이나 옷을 앞쪽과 뒤쪽, 두 줄로 수납할 수 있어요. 이때 앞쪽에 수납한 물건은 꺼내기 쉽지만, 뒤쪽은 잘 보이지도 않고 앞쪽을 먼저 빼고 찾아야 해서 불편해요. 긴 바구니에 넣으면 이런 불편함이 없어지는데, 같은 크기의 작은 바구니 2개를 케이블 타이로 연결해 보세요. 선반 안쪽 깊숙이 있는 물건도 쉽게 꺼낼 수 있어요. 사용 빈도에 따라 구분하여 수납합니다. 자주 사용하는 물건을 앞쪽 바구니에 두면 편해요.

↑ 선반 높이 조절 후, 수납 바구니 이용

↑ 수납 바구니 2개를 연결해 하나의 긴 서랍처럼 사용, 안쪽까지 한 번에 확인

🙎 수납 TIP 바구니 연결하기

크기가 같은 수납 바구니 2개를 준비합니다. 케이블 타이로 바구니 구멍을 서로 연결하여 묶고, 남는 부분은 가위로 잘라 줍니다. 그러면 바구니 2개를 마치 하나의 긴 서랍처럼 사용할 수 있어요. 케이블 타이는 전선을 묶을 때 사용하는 도구로, 마트나 철물점에 가면 살 수 있어요.

↑ 수납 바구니 2개를 연결해 하나의 긴 서랍처럼 사용

🙎 수납 TIP 슬라이드식 선반 만들기

바구니에 무거운 물건이 들어 있으면 한 번에 꺼내기가 쉽지 않아요. 이때는 두꺼운 하드 보드지에 손잡이를 달아서 바구니 밑에 깔아 주면 슬라이드식으로 사용할 수 있어요. 안쪽에 있는 물건도 쉽게 꺼낼 수 있어요.

↑ 보드지에 손잡이를 달아서 슬라이드식 선반으로 사용

↑ 보드지 선반으로 안쪽 물건까지 쉽게 꺼냄

👕 4 옷걸이 활용하기

옷걸이를 필요할 때마다 사면, 여러 종류가 걸려서 어수선해요. 동일한 크기와 모양의 옷걸이를 사용하면, 통일성 있게 수납할 수 있어요. 옷걸이만 동일해도 옷이 깔끔하게 수납되어 보이는 효과가 생겨요.

옷장에 부부 옷을 함께 수납하는 경우, 상·하의를 구분하고 옷걸이 모양을 다르게 하거나 양복 슈트케이스를 중간에 배치해서 옷 구분을 하면 훨씬 옷 찾기가 쉬워요. 이때 옷 앞면이 서로 마주보도록 걸면 더 구분됩니다. 바지를 논슬립 바지걸이 같은 바지 전용 옷걸이에 걸어 수납하면 훨씬 편리하고 공간도 덜 차지합니다.

↑ 여러 모양의 옷걸이를 사용하면 정돈이 안 되어 보임

↑ 같은 모양의 옷걸이만 사용해도 훨씬 정돈된 모습

↑ 옷장을 함께 사용한다면 슈트케이스로 옷 구분

↑ 일반 옷걸이와 논슬립 바지걸이에 걸었을 때 비교

↑ 바지걸이와 바지 집게를 통일하여 정돈

※ 옷걸이 활용법

✧ 옷에 맞는 옷걸이 사용하기

얇은 옷걸이를 사용하면, 옷은 많이 걸지만 옷장에 공기 순환이 잘 안 돼서 옷을 망가뜨려요. 양복이나 외투같이 어깨 부분을 살려야 하는 옷은 공간을 차지하더라도 어깨가 두툼한 옷걸이를 사용합니다. 길이가 같은 바지도 바지 전용 옷걸이에 걸면, 수납이 깔끔해요. 이렇게 옷에 따라 옷걸이를 잘 선택해야 관리가 잘 되고 수납 효과도 두 배가 됩니다.

바지를 반으로 접어서 걸면, 하단에 더 많은 공간을 확보할 수 있어요. 빈 공간에 바구니를 포개서 수납하는 경우, 각각에 이름표를 붙이면 물건 찾기가 더 쉬워요.

⬆ 일반 옷걸이 : 바지가 처짐

⬆ 바지 전용 옷걸이 : 하단에 바구니를 넣을 수납공간이 생김

⬆ 바지를 반으로 접어 걸고 남은 하단 수납공간

✦ 한쪽 방향으로 옷 걸기

옷 앞부분이 한쪽 방향으로만 바라보게 걸어야 깔끔하고 정돈 효과가 좋습니다. 두꺼운 옷걸이일수록 한쪽 방향으로만 걸어야 공간을 덜 차지하고 옷을 찾는 시간도 덜 걸립니다. 와이셔츠처럼 얇은 옷도 뒤적이지 않고 쉽게 찾아요.

↑ 두꺼운 옷걸이일수록 한쪽 방향으로 걸어야 공간을 덜 차지

↑ 비슷한 와이셔츠는 한쪽 방향으로 걸어야 셔츠를 쉽게 찾음

✦ 옷걸이까지 함께 빼기

옷장에 옷 없이 걸려 있는 빈 옷걸이가 의외로 많아요. 옷장 옷걸이에 걸린 상태에서 옷만 빼내서 그래요. 그러면 빈 옷걸이만 남아 옷장 공간이 부족하다고 느껴져요. 옷장에서 옷을 빼낼 때는 옷걸이 채로 옷을 내려야 옷장에 공간이 생깁니다. 상의는 허리 부분을 벌려서 옷걸이를 넣고 빼야 목 부분이 안 늘어나요.

↑ 옷걸이에서 옷만 잡아당겨서 빼내면 목 부분이 망가짐

✦ 옷 길이별로 걸기

옷을 길이에 상관없이 불규칙하게 걸면, 보기에도 안 좋지만 숨어있는 수납공간을 놓쳐요. 반면, 길이별로 옷을 걸면 하단에 수납공간이 생깁니다. 긴 옷, 짧은 옷 끼리끼리 걸어 두면 수납 상자나 가방을 넣을 수 있는 수납공간이 생기게 됩니다.

⬆ 길이에 상관없이 걸어, 하단 공간을 제대로 활용할 수 없음

⬆ 짧은 옷과 긴 옷을 구분하여 걸어, 하단에 수납공간이 생김

✦ 논슬립 바지걸이 공간 활용

논슬립 바지걸이는 일반 옷걸이와 달리, 한쪽이 개방되어 있어 바지는 물론 스카프를 걸고 빼내기에도 간편합니다. 논슬립 재질로 코팅되어 미끄럼 방지가 돼요. 이 바지걸이에 바지를 하나씩만 걸면 옷장의 앞뒤 공간이 많이 낭비됩니다. 바지걸이 양쪽 끝을 기준으로 두 벌을 걸면, 바지 10벌을 바지걸이 5개에 걸 수 있으니 그만큼 공간 활용에 유용합니다. 바지를 계절별, 색상별 등 비슷한 종류로 걸어야 찾기가 쉬워집니다.

⬆ 한 벌을 걸면 남는 공간이 많음

⬆ 비슷한 종류끼리 걸어야 찾기 쉬움

✧ 옷걸이 종류

세탁소 옷걸이는 얇아 많은 양의 옷을 걸 수 있어요. 하지만 빼곡하게 수납하면 통풍이 안 되어 곰팡이가 생길 수 있어요. 옷이 숨 쉴 수 있는 정도만 거세요. 옷걸이 색상을 통일하면 수납 효과가 더 돋보입니다.

어른과 아이의 옷걸이 크기가 다르듯이, 남자와 여자도 어깨 크기가 달라 옷걸이 크기를 구분해서 사용해야 해요. 그러면 어깨 부분이 변형되는 것을 방지할 수 있어요. 끈 티셔츠 등은 홈이 있는 옷걸이, 시폰 블라우스나 목선이 넓은 옷은 미끄럼 방지가 되는 논슬립 옷걸이가 좋아요.

바지는 수납공간에 따라 옷걸이를 선택하세요. 바지 집게는 자국이 남지 않는 형태인지 확인하고, 집게 크기나 옷걸이 개수에 따라 차지하는 공간을 고려해서 구매하세요.

↑ 세탁소 옷걸이로 빼곡하게 옷 수납

↑ 옷이 숨 쉴 공간을 남기고 수납

↑ 다양한 옷걸이

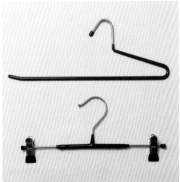

↑ 다양한 바지걸이

↑ 바지 집게 형태와 높이 확인하기

❋ 옷 커버 만들기

재활용품을 활용하여 옷 커버를 만들 수 있어요. 간단하게 만든 옷 커버로 옷을 보호하세요.

✦ 보자기 사용하기

계절 옷처럼 일정 기간 안 입는 경우, 먼지가 쌓일 것이 걱정돼요. 이럴 때 보자기로 옷을 덮어서 보호할 수 있어요. 이동식 행거에 옷을 걸어 보관할 때도 오랜 시간 빛에 노출되어 변색 우려가 있으니, 자투리 천이나 시판용 '행거 커버'로 덮어 보호해 주세요.

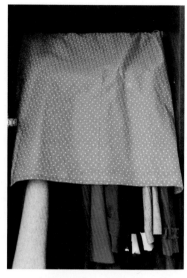

↑ 자투리 천을 덮어 계절 옷 보관

✦ 헌 옷 사용하기

2~3년에 한 번씩 드라이클리닝을 하는 모피나 가죽 의류는 버리려는 남방이나 와이셔츠 등을 옷 커버로 사용하면 돼요. 먼지로부터 옷을 보호할 수 있고, 옷이 숨 쉴 수도 있게 됩니다.

1 모피 의류를 옷걸이에 건다.
2 그 위로 남방을 덧입힌다.
3 단추를 채워 준다.

✦ 옷 겹치기

옷을 겹치는 것도 좋은 방법이에요. 예를 들어, 원피스와 코트를 함께 포개서 보관하세요. 옷걸이 1개에 옷 두 벌을 걸 수 있어서 사용 공간도 줄어요. 옷걸이 갯수가 줄어서 공간 활용에도 차이가 납니다.

↑ 원피스 위에 코트를 겹쳐 걸어 둠

↑ 끈 원피스를 다른 원피스에 겹쳐 걸어 둠

✦ 슈트케이스 활용하기

슈트케이스로 원하는 길이의 옷 커버를 만들 수 있어요.

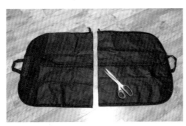

1 원하는 길이만큼 슈트케이스를 가위로 자른다.
2 자른 부분의 지퍼 올이 안 풀리도록 라이터 불로 살짝 녹여 붙인다.
3 손잡이 부분을 잘라 준다.
4 옷 커버로 씌운다.

 수납 TIP 세탁소 비닐은 벗겨 주세요

세탁소에서 드라이클리닝을 하면 옷에 비닐을 씌어 주죠. 그대로 보관하는 경우가 많은데, 그 비닐은 바로 벗기세요. 그대로 씌워 두면, 세제 잔여물과 다림질할 때 생긴 증기 수분이 날아가지 못하고 섬유 속으로 스며듭니다. 그래서 곰팡이가 생기거나 옷이 손상될 수 있어요. 또한, 옷을 찾느라 비닐끼리 부딪히면서 생긴 정전기가 먼지를 더 끌어들여요. 세탁물을 받으면, 바로 비닐을 벗기고 1~2일 통풍한 뒤 옷장에 보관하세요.

✳ 가로 수납 & 세로 수납

옷을 서랍이나 선반에 수납할 경우 접어서 보관해야 합니다. 이때 접은 옷은 눕혀서 '가로 수납' 하거나, 세워서 '세로 수납' 할 수 있어요. 등산복, 블라우스 등 미끄러운 소재는 어쩔 수 없이 눕혀서 가로 수납을 하지만, 그 외에는 세로 수납이 좋아요.

✦ 가로 수납

빨래를 개면서 차곡차곡 쌓았다가 그대로 서랍에 넣는 경우가 있죠? 옷을 서랍에 포개어 두면 옷들이 한눈에 보이지 않아요. 특히 아래쪽에 무슨 옷이 있는지 알 수가 없어요. 티셔츠 한 장 꺼낸다고 뒤적이다 보면 서랍 안은 뒤죽박죽 헝클어지고, 옷을 꺼낼 때도 불편해요.

⬆ 가로 수납 : 아래에 있는 옷이 보이지 않아서 뒤적거림

✦ 세로 수납

옷을 접는 방법보다 어떻게 수납하느냐가 더 중요해요. 옷을 세워서 수납해 보세요. 옷을 평상시 방법 그대로 접는 대신 책을 세워 꽂는 것처럼 세로 수납을 하면, 어떤 옷이 어디에 있는지 한눈에 파악돼요. 그리고 다른 옷들이 흐트러지지 않게 꺼낼 수 있어요. 옷장 수납을 효율적으로 하고, 오랫동안 유지하려면 꼭 세로 수납을 하세요.

⬆ 세로 수납한 상태

⬆ 세로 수납 : 한눈에 파악돼 쉽게 꺼냄

✦ 넣는 방향이 중요한 세로 수납

세로 수납은 옷을 넣는 방향이 중요해요. 가로 방향으로 넣으면 안쪽에 있는 옷이 안 보여 찾기도 힘들고 꺼내기도 불편해요.

반면, 세로 방향으로 넣으면 원하는 옷을 쉽게 꺼낼 수 있어요. 세로 수납에도 단점은 있어요. 수납하고 공간이 남으면 옷이 쓰러집니다. 이럴 때는 북스탠드를 이용하세요. 반듯하게 수납할 수 있어요.

⬆ 가로 방향으로 세로 수납 : 안쪽 옷을 찾기 힘들고 꺼내기 불편

⬆ 세로 방향으로 세로 수납 : 공간이 남아 옷이 쓰러짐

⬆ 북스탠드로 쓰러지는 옷을 고정

 수납 TIP **수납 상자에 옷 수납하는 법**

수납 상자에 옷을 세로로 넣으면 계속 쓰러집니다. 이럴 때는 수납 상자를 세워 옷을 가로로 넣은 뒤, 수납 상자를 바로 놓아 보세요. 쓰러지지 않게 옷을 수납할 수 있어요. 공간이 남으면 상자를 바로 놓기 전에 북스탠드로 고정하세요.

⬆ 수납 상자에 옷을 세로로 넣은 경우

⬆ 수납 상자를 세워 옷을 가로로 수납 후, 바로 두기

2
옷 접기

옷장 수납에서 옷을 잘 접어야 정돈도 잘 된다고 생각합니다.
사실 옷 접는 방법은 그렇게 중요하지 않아요.
옷을 잘 접으면 좋지만, 익숙하지 않고 복잡한 옷 접기는 접는 도중 포기하게 돼요.
중요한 건 세로 수납과 칸막이 수납을 하는 것인데,
이를 위해 수납공간에 맞춰 사각형으로 옷 접는 법을 알아야 합니다.

1 티셔츠

옷을 종이와 함께 접으면, 사각형 모양이 잡히고 지지대 역할도 해서
좋아요. 신문지의 인쇄 잉크에는 방충·방습 효과가 있어, 옷장에서 꺼
내도 옷에서 특유의 냄새가 나지 않아요. 신문지를 구하기 힘들면 한
지, 전단지, A4 용지 등으로 옷을 접어 보세요.

준비물 종이 (신문지, 한지, 전단지, A4 용지 등)

  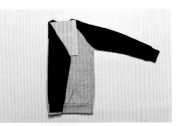

1 등쪽이 위로 향하도록 펼치고, 종이를 목선 중간에 올린다.
2 한쪽 팔과 몸 부분을 종이 크기에 맞춰 안으로 접는다.
3 접힌 쪽 팔 부분을 옆 선과 평행이 되도록 접는다.

 4   다른 쪽도 같은 방법으로 접는다.

5   티셔츠 밑단 쪽을 위로 접어 올린다.

6   앞면을 위로 한다. 부드러운 소재의 옷은 눕혀서 수납한다.

7   서랍에 수납하려면 반으로 한 번 더 접어 세워서 수납한다.

수납 TIP **계절 옷 보관 시 종이 활용법**

수납공간 폭에 맞게 일정한 크기로 종이를 접으면, 옷이 달라도 접은 크기가 같아 훨씬 깔끔해 보여요. 그런데 매번 이렇게 하면, 옷 접기 자체가 스트레스입니다. 오래 보관할 계절 옷만 이렇게 하세요. 평상시는 옷장에 맞춰 크기만 유지하면 돼요.

수납 TIP **접은 옷 세워서 보관하기**

접은 옷을 세로로 세워 수납하면 어떤 옷인지 쉽게 구분할 수 있어요.

↑ 가로 수납 : 아래에 있는 옷이 안 보임   ↑ 세로 수납 : 한눈에 파악됨

👕 2 목 티셔츠

목 티셔츠도 일반 티셔츠와 같은 방법으로 접어요. 다만, 목 부분이 길어서 여기부터 먼저 접어 내린다는 점이 다릅니다.

준비물 종이 (신문지, 한지, 전단지, A4 용지 등)

1 등쪽이 위로 향하도록 펼치고, 종이를 목선 중간에 올린다.
2 **목 부분을 등쪽으로 접어 내린다.**
3 한쪽 팔과 몸 부분을 종이 크기에 맞춰 등쪽으로 접는다.

4 접힌 쪽 팔 부분을 옆 선과 평행이 되도록 접는다.
5 다른 쪽도 같은 방법으로 접는다.
6 티셔츠 밑단 쪽을 위로 접어 올린다.

7   앞면을 위로 한다. 부드러운 소재의 옷은 눕혀서 수납한다.

8   서랍에 수납하려면 반으로 한 번 더 접어 세워서 수납한다.

 수납 TIP 칼라 티셔츠

일반 티셔츠와 접는 과정은 같아요. 다만, 칼라를 세워서
수납해야 됩니다. 특히 다음 계절까지 보관하는 경우,
장기간 다른 옷들에 눌려서 칼라 부분의 접힌 선이
선명해질 수 있어요. 그래서 칼라를 세워서 보관해야 칼라
모양을 제대로 유지할 수 있습니다.

드레스 셔츠는 칼라를 세우고 목 부분 단추 2개를 채워
걸어 두세요. 칼라 바로 아래 부분이 칼라 무게로 구겨지는
것을 예방합니다. 보관용 드레스 셔츠는 칼라를 세워
목선이 누렇게 변하는 것을 방지하세요.

♠ 자주 입는 옷   ♠ 보관하는 옷

👕 3 후드 셔츠

후드 셔츠는 티셔츠에 모자가 붙어 있어 깔끔하게 접기가 까다로
워요. 하지만 종이를 사용해 깔끔하게 접을 수 있습니다.

준비물 종이 (신문지, 한지, 전단지, A4 용지 등)

1 등쪽이 위로 향하도록 펼치고, 종이를 목선 중간에 올린다.
2 한쪽 팔과 몸 부분을 종이에 맞춰 등쪽으로 접는다.
3 접힌 쪽 팔 부분을 옆 선과 평행이 되도록 접는다.

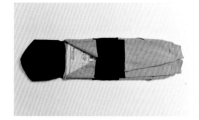  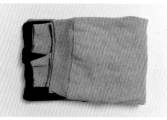

4 다른 쪽 같은 방법으로 접는다.
5 후드 부분을 목선까지 등쪽으로 내려 접는다.
   TIP … 후드를 반듯하게 펴면 더 깔끔하게 접혀요.
6 티셔츠의 밑단 쪽을 위로 접어 올린다.

7 앞면을 위로 한다. 부드러운 소재의 옷은 눕혀서 수납한다.

8 서랍에 수납하려면 반으로 한 번 더 접어 세워서 수납한다.

 수납 TIP 여행 가방에 넣을 후드 셔츠

여행 가방에 넣을 후드 셔츠를 어떻게 접는지 알려 드릴게요.

1 후드 셔츠를 앞으로 펼친다.

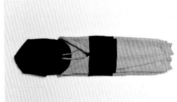

2 후드의 크기만큼 팔과 몸통 부분을 접는다.

3 티셔츠의 밑단 쪽을 위로 접어 올린다.

4 몸통 부분을 한 번 더 접는다.

5 후드 안쪽으로 몸통 부분을 접어 넣는다.

6 후드가 옷을 감싸서 흐트러지지 않는다.

🧥 4 니트 셔츠

니트 셔츠를 스탠드형 옷걸이에 걸어 두었다가, 너무 늘어나서 낭패를
본 경험이 있을 거예요. 니트 특성상 무게가 있고 두꺼워 개어 두기에도
불편한데, 이럴 때는 옷걸이를 이용하세요.

준비물 일반 옷걸이

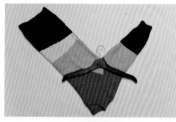  

1 니트 셔츠를 반으로 접고, 'V'자 겨드랑이 부분에 옷걸이를 댄다.
2 몸통 부분을 내려 옷걸이에 걸친다.
3 팔 부분도 내려 옷걸이에 걸친다.
4 이렇게 하면 니트 어깨가 처지는 것을 방지한다.

준비물 논슬립 바지걸이

  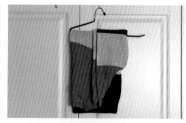

1 니트 셔츠를 반으로 접고, 팔부분을 옆 선과 평행하게 접는다.
2 바지걸이에 옷을 걸친다.
   TIP ⋯ 논슬립 바지걸이를 사용하면 미끄러지지 않아요.
3 접어서 옷장에 걸면 된다.

👕 5 치마

치마는 바지걸이 집게로 집어 걸면 편합니다. 그런데 접어서 보관할 경우, 위아래 폭이 달라서 접는 방법이 쉽지 않아요. 사각형으로 만들어 접는 것이 중요합니다.

1 주름을 다듬어 편다.
2 치마폭이 넓어 반으로 접는다.
3 허리를 기준으로 3등분하여 한쪽을 접는다.

4 반대편도 접어서 사각형이 되게 한다.
5 3등분하여 허리 부분을 접어 내린다.
   치마 길이에 따라 2~4등분하여 접는다.
6 치마 아래 부분을 접어 올린다.

 수납 TIP 옷 접기 포인트! 사각형!

옷 접기는 중간 과정에서 형태를 긴 사각형으로 만드는 것이 핵심입니다.
그러고 나서 서랍 높이에 따라 등분을 나누면 돼요. 원피스. A라인 치마 등도 먼저 긴 사각형으로 만들면 쉬워져요.

👕 6 바지

바지도 접는 방법이 여러 가지가 있지만, 엉덩이 부분을 바지 안으로
밀어 넣으면 깔끔하게 접을 수 있어요. 수납 효과도 높아집니다.

1 바지를 반으로 접는다.
2 **뽀족하게 나온 엉덩이 부분을 바지 안으로 밀어 넣는다.**
3 바지가 사각형이 된다.

4 반으로 접는다.
5 3등분하여 무릎 부분부터 접는다.
6 허리 부분을 접어 내린다.

 수납 TIP **바지 수납하기**

마지막 과정에서 뒷면이나 앞면
어디가 보이게 접든 상관없습니다.
정돈 상태가 어떻게 보이느냐 차이만
있습니다.

⬆ 바지 뒷면이 보이도록 접음 ⬆ 바지 앞면이 보이도록 접음

여행 가방에 넣을 바지는 무릎이 아닌 허리 부분부터 접고, 무릎 부분을 바지의 허리 안쪽으로 접어 넣습니다.

1 〈바지 접기〉에서 바지를 반으로 접은 후, 허리 부분부터 접는다.

2 무릎 부분을 바지 허리 안으로 접어 넣는다.

3 허리 쪽 공간이 바지를 감싸서 흐트러지지 않는다.

 수납 TIP **잠옷 바지**

잠옷 바지는 잠을 잘 때 편하도록 바지통이 넓어요. 바지를 사각형으로 만들어 접는 것이 중요한데, 요령이 필요합니다.

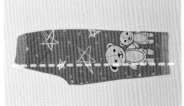

1 파자마를 반으로 접은 후, 사각형이 되도록 점선을 눈으로 그어 본다.

2 **허리와 밑단을 기준으로 사각형이 되도록 접어 올린다.**

3 사각형으로 만들고 반으로 접는다. 수납공간 높이에 맞춰 등분한다.

4 일반 길이는 3등분, 7부는 2등분하여 접는다.

5 직사각형으로 접는다.

7 팬티

사각팬티는 3등분해서 허리 밴드 안쪽으로 아래 부분을 넣어서 접는 방법이 있어요. 하지만 허리 밴드 쪽에 넣지 않고 사각형으로 접기만 해도, 보이는 효과가 비슷합니다. 오히려 접는 시간이 단축됩니다. 대신 수납 칸막이를 잘 활용하는 것이 중요합니다. 여성용 삼각팬티는 미끄러운 소재가 많은데, 허리 밴드 안쪽으로 남은 부분을 접어 넣어야 헝클어지지 않습니다.

◆ 사각팬티

1 세로로 반 접는다.
2 세로로 한 번 더 반 접어 사각형이 되도록 한다.
3 3등분하여 허리 부분부터 접어 내린다.
4 다른 쪽도 접는다.

 수납 TIP **여행 가방에 넣을 팬티**

여행 가방에 넣을 팬티는 기본 접기 1~3번까지 한 후, 팬티 아래 부분을 밴드 안쪽으로 접어 넣으면 됩니다.

1 허리 밴드 한 겹을 들어 올린다.

2 팬티 아래 부분을 밴드 안쪽으로 접어 넣는다.

✦ 삼각팬티

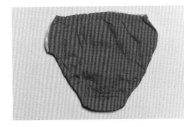  

1 엉덩이 부분이 위로 오게 한다.
2 3등분하여 한 쪽을 접는다.
3 다른 쪽도 접어 사각형을 만든다.

4 허리 부분을 접어 내린다.
5 허리 밴드 한 겹을 들어 올린다.
6 팬티 아래 부분을 밴드 안쪽으로 접어 넣는다.
7 깔끔하게 접은 모습이다.

 수납 TIP 수납 방향에 따라 달라지는 효과

같은 옷이라도 수납 방법이나 방향에
따라 그 효과가 달라집니다. 접은 선이
안 보이도록 수납하면 더 깔끔하게
보입니다.

↟ 접은 선이 보이는 수납   ↟ 접은 선이 안 보이는 깔끔한 수납

👕 8 양말

목이 긴 양말을 접는 다양한 방법이 있어요. 서랍 높이에 따라 2~3등분하고, 사각형으로 접는 것이 중요합니다. 발목 양말은 원하는 양말을 쉽게 찾을 수 있는 수납 방법을 알아볼게요. 부피가 작은 덧버선은 양말보다 한쪽이 분실되기도 쉽고 접는 방법도 애매합니다. 간단한 방법으로 수납해 볼게요.

✦ 긴 양말

2등분 접기

1 양말을 펼쳐 놓는다.
2 반으로 접는다.
3-1 한번 더 반으로 접는다.

3등분 접기

3-2-1 3등분하여 발뒤꿈치 부분을 접어 올린다.
3-2-2 발목 밴드 부분을 접어 내린다.

 수납 TIP

양말을 뒤집어 보관하지 말자

양말을 포갠 다음 발목 쪽을 뒤집어 수납하는 경우가 있어요. 이렇게 하면 발목에 있는 고무밴드가 늘어나 양말 형태가 변형되고 공간도 많이 차지해요. 다른 방법으로 접더라도 양말을 뒤집지 마세요.

✛ 발목 양말

3등분 접기

1 양말 2장을 겹쳐서 발바닥이 위로 오도록 둔다.

2 발끝 부분을 3등분해서, 접어 올린다.

3-1 고무밴드 부분을 내려 접는다.

3-2 발끝 부분을 고무밴드 안으로 접어 넣는 방법도 있다.

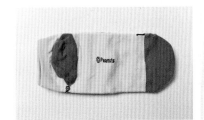

2등분 접기

1 양말 2장을 겹쳐서 발바닥이 위로 오도록 둔다.

2 반으로 접는다.

 수납 TIP 접은 양말 수납하기

같은 양말이라도 2~3등분으로 접는
등분에 따라 수납공간에 차이가
납니다. 접는 방법도 중요하지만,
그보다 짝을 맞춰서 수납 칸막이를
이용하여 정돈 상태를 유지하는 것에
더 신경 써야 합니다.

⬆ 2등분 접기 양말 수납   ⬆ 3등분 접기 양말 수납

1 덧버선 발목 부분이 위로 오도록 둔다.
2 한 장을 다른 한 쪽 안으로 밀어 넣는다.
3 여기까지만 해도 짝을 맞추어 수납하기 편하다.

4 발등이 위로 올라오게 반으로 접는다.
5 세워서 또는 반으로 접어 수납한다.

 수납 TIP **양말·속옷 수납하기**

양말이나 속옷은 보통 같은 서랍칸에
수납합니다. 끼리끼리 모아서 수납
칸막이에 넣어 세로 수납을 하세요.
흐트러지지 않게 수납할 수 있어요.

🧥 9 팬티스타킹 & 타이츠

팬티스타킹이나 타이츠는 길이와 두께 때문에 접기가 불편합니다. 하지
만 간단한 방법으로 흐트러지지 않게 접을 수 있어요. 둘 다 접는 방법
은 같은데, 두께 차이로 반으로 접는 횟수가 달라집니다.

1 세로로 반을 접는다.
2 2등분하여 접는다. (타이츠는 4번으로 이동)
3 한 번 더 2등분하여 접는다.

4 3등분하여, 고무밴드 부분을 내려 접는다.
5 고무밴드 부분 안쪽으로 나머지 부분을 집어넣는다.

 수납 TIP **2·3등분**

팬티스타킹은 두께와 수납공간에
따라 2~3등분으로 접는 등분을
달리하면 됩니다.

👕 10 패딩

패딩을 오랫동안 옷걸이에 걸어 두면, 솜이나 오리털 등 충전재가 아래로 모여 뭉칠 수 있습니다. 잘 접어서 수납 상자에 보관하세요.

✦ 모자가 분리되는 패딩

준비물 종이 (신문지, 한지 등)

1 방충·방습을 위해 신문지를 안쪽에 넣는다.
2 접기와 보관이 편리하게 지퍼를 잠근다.
3 모자는 분리한다. 모자 형태를 유지하기 좋고, 접을 때도 수월하다.
   TIP … 모자를 떼어 별도로 보관하는 것도 편리해요.

4 옷 옆 선에 맞춰 양팔 부분을 안쪽으로 접는다.
5 패딩 길이에 따라 2~3등분해서 접어 올린다.
6 압축하면 부피가 줄어들지만, 다음에 풍성하게 입으려면 압축 없이 수납 상자에 보관한다.

✧ 모자가 분리되지 않는 긴 패딩

준비물 종이 (신문지, 한지 등)

1 신문지를 옷 안쪽에 넣고, 접기와 보관이 편리하게 지퍼를 잠근다.
2 모자부터 접어 내린다.
3 옷 옆 선에 맞춰 양팔 부분을 안쪽으로 접는다.

4 3등분하여 아래쪽을 접어 올린다.
   이때, 팔과 접어 올린 끝자락 사이에 공간을 약간 둔다.
5 공간 사이를 한번 더 반으로 접는다.

 수납 TIP 패딩은 압축 없이 세워서 보관하세요

접은 패딩을 쇼핑백에 담아 세워서 보관하세요. 먼지와 흐트러짐을 방지합니다.
쇼핑백 손잡이 위치를 바꾸면 높은 곳에서 꺼내기도 쉬워요. 패딩 여러 벌을
포개어 둘 수도 있어요. 이때 패딩 사이에 신문지를 끼우면 옷이 미끄러지는
것과 먼지를 줄일 수 있습니다. 그리고 패딩을 돌돌 말거나 압축해서 보관하지
마세요. 원상태로 풍성하게 되돌리기 어렵습니다.

✦ 쇼핑백에 이름표 붙이기

❋ 패딩 세탁법

오리털, 거위털은 자체에 유분이 있어요. 여기에 기름으로 때를 녹여 세탁하는 드라이
세제를 쓰면, 털의 유분이 빠져 공기층 함유량이 줄어듭니다. 풍성했던 털이 줄면서
보온성이 떨어지게 되는 거죠. 그래서 물세탁을 권장합니다.

겉옷은 목둘레, 소매, 주머니에 찌든 때가 많습니다. 먼저 이 부분을 짧은 시간 안에
애벌빨래부터 한 후, 본 세탁을 시작하는 것이 좋습니다.

패딩 의류는 먼저 충분히 물에 적신 후 세탁기에 넣어 돌려야 되는데, 물에 뜨는 오리
털 특성상 패딩 전체가 물을 머금기까지 시간이 오래 걸립니다. 그리고 반드시 옷 손상
방지를 위해 패딩은 뒤집어서 세탁기에 넣어야 합니다. 방수·발수 처리된 패딩의 경우,
세탁기 전체 코스로 돌리면 가공된 기능이 떨어집니다. 건조할 때 털이 몰려 있는 곳
에는 물 얼룩이 생길 수 있으니, 옷 위쪽이나 아랫부분을 잘 잡고 털어서 널어야 해요.
패딩은 대부분 코팅 원단이라 잘 마르지 않기 때문에, 꼭 뒤집어서 말려야 건조시간을
단축할 수 있어요. 건조하면서도 뭉친 털을 골고루 분포되도록 풀어 줍니다. 그래야 깃
털이 이동되어 공기층이 생겨 보온력도 좋아지고 옷의 풍성함이 살아납니다.

✦ 애벌빨래

1 세탁 전에 물세탁이 가능한 소재인지 취급주의 표시를 꼭 확인한다.
2 중성세제(주방세제)와 물을 1:1 비율로 희석하여 때가 있는 부분에
   묻히고 5~10분 지난 뒤 칫솔로 문질러 닦는다.
3 오염이 심한 부위에는 중성세제를 직접 묻혀 부드러운 솔로 살살
   문지른다.

4 본 세탁 시작 전, 반드시 지퍼를 잠근다.

5 패딩을 뒤집어서 세제 넣은 물에 10분 정도 담가 때를 녹인다.
   그런 다음 세탁기에 넣어 돌리면 더 효과적이다.

   TIP … 세제 물은 30℃ 정도의 미지근한 물에 중성세제나 아웃도어 전용세제를
   넣어요. 중성세제와 베이킹소다를 함께 넣으면 땀과 지방 분해가 더 잘돼요.

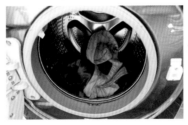

6 패딩 손상을 줄이기 위해 반드시 뒤집어 세탁기에 넣는다.

7 식초(구연산) 30cc를 넣고 헹굼 코스로 5분 정도 돌린 후 탈수한다.

   TIP … 탈수는 중요한 부분이에요. 탈수 정도에 따라 오리털 뭉침을 최소화할
   수 있고, 빨리 말라야 오리털의 풍성함을 최대한 살릴 수 있어요.

8 통풍이 잘되는 곳에 눕혀서 충분히 건조시킨다.

   TIP … 널기 전, 털이 한쪽으로 몰리지 않게 옷 위아래로 잡아 가며 탈탈 턴다.

9 말리는 동안 군데군데 뭉쳐진 부분을 가볍게 두들긴다.
   심하게 뭉친 곳은 손으로 잡아당겨 풀어 준다.

3
패션 소품 수납하기

패션 센스를 더하는 소품으로 가방, 넥타이, 스카프, 벨트 등이 있어요.
부피가 작은 귀걸이, 목걸이, 반지 등도 있고요.
관리가 소홀하면 어디에 두었는지를 잊고 못 찾는 경우도 있습니다.
패션 소품을 어떻게 수납하면 좋을지 알아볼게요.

1 가방

가방은 보관만 잘해도 늘 새것처럼 쓸 수 있어요. 가방 수납에서는 그
형태를 유지하는 것이 중요합니다.

✦ 종이 이용하기

가방 형태를 유지하는 가장 간편한 방법은 종이나 신문지를 뭉치로 만들
어 넣는 거예요. 신문지는 방충·방습 효과가 있습니다. 공간을 많이 차지
하지만, 가방 형태를 제대로 유지할 수 있습니다.

1 여러 장을 모아 종이 뭉치를 만든다.
2 뭉치를 1개로 만들면, 넣고 꺼내기 편하다.
3 가방 안에 넣고, 형태를 잡아 준다.

✦ 압축 스펀지 이용하기

택배 상자에 제품 충격 완화용 압축 스펀지가 들어 있을 때가 있어요.
이것을 버리지 말고 보관할 가방 안에 넣어 가방 모양을 잡아 보세요.

1   압축 스펀지를 가방 크기에 맞게 자른다.
2   자른 스펀지를 가방에 넣어 형태를 잡아 준다.

✦ 쇼핑백에 보관하기

아끼는 가방, 계절을 타 자주 사용하지 않는 가방 등은 구매할 때 받는
더스트백이나 쇼핑백에 넣어 보관하세요. 쇼핑백에 넣을 때 먼지가 들어
가는 것을 막기 위해 수건이나 천으로 감싸 덮어 주세요. 무슨 가방인지
쇼핑백에 이름표를 붙이면 좋습니다.

↑ 더스트백에 보관하기   ↑ 쇼핑백에 넣은 가방을 천으로 감싸 덮기   ↑ 쇼핑백에 이름표 붙이기

✧ 옷장에 수납하기

자주 사용하지 않는 가방을 옷장 안쪽에 보관하거나 앞뒤로 2줄 수납을 해야 한다면, 선반 크기와 같은 두꺼운 하드 보드지에 구멍을 낸 뒤 손잡이를 달아서 가방 밑에 깔아 슬라이드식으로 사용하세요. 안쪽에 있는 가방도 쉽게 꺼낼 수 있어요. 옷을 걸고 나면 생기는 하단 빈 공간에, 가방을 모아서 세로 수납하세요. 깔끔하게 보관할 수 있어요. 가방은 제대로 관리해서 수납하면 오랫동안 사용합니다.

↑ 보드지에 손잡이를 달아서 만든 슬라이드식 선반

↑ 리본 테이프로 만든 손잡이

↑ 옷장 하단 빈 공간에 가방만 모아서 수납

👕 2 넥타이

넥타이를 매장처럼 말아서 수납하면 공간이 많이 필요합니다. 매번 말기도 번거롭고, 찾기도 어려워요. 다음 방법으로 수납을 해보세요.

✦ 고정핀 이용하기

옷장 문 안쪽에 부착된 봉걸이를 활용합니다. 만약 봉걸이가 없으면 욕실용 수건걸이를 구매하세요. 이런 봉걸이는 넥타이가 미끄러져 내려오는 단점이 있는데, 이때 셔츠나 남방 포장에 쓰이는 '고정핀'을 이용하면 돼요. 고정핀을 넥타이에 끼워서 흘러내림을 방지합니다.

⬆ 고정핀 사용 전　　⬆ 고정핀 사용 후

⬆ 고정핀

✧ 고무밴드 이용하기

고정핀을 구하기 힘들면 고무밴드를 활용하세요. 옷장 문 하단에 벽걸이용 고리를 붙이고, 고무밴드 양쪽에 가위로 살짝 구멍을 내서 벽걸이용 고리에 끼우세요. 고무밴드가 가늘다면, 양쪽 끝부분을 묶어 고리를 만들어 벽걸이용 고리에 걸면 됩니다. 압정으로도 할 수 있지만, 압정이 빠지면 위험하므로 벽걸이용 고리를 추천합니다.

↑ 고무밴드로 고정

↑ 벽걸이용 고리에 고무밴드 끼우기

 수납 TIP **지퍼형 넥타이 수납하기**

지퍼형 넥타이의 지퍼를 짧게 잠그고, 조리 도구를 거는 다용도 걸이를 옷장 문에 붙여서 걸면 돼요.

3 스카프

여러 가지 활용이 가능한 스카프 수납 방법을 살펴볼게요.

✦ 빳빳한 종이 끼우기

단정하게 접은 스카프 안쪽에 빳빳한 종이를 끼워 주세요. 이것이 스카프 수납에서 중요해요. 스카프 안쪽에 넣은 종이 한 장이 지지대 역할을 해서 스카프가 반듯하게 모양을 유지하도록 해 줘요. 그리고 나서 수납 상자에 세로로 넣어서 보관합니다.

1   접은 스카프 안쪽에 빳빳한 종이를 끼운다.
2   수납 상자에 세워서 넣는다.

 ### 수납 TIP 스카프 여러 장 보관하기

스카프가 여러 장이면, 우유팩이나 상자를 연결해 붙여 칸칸이 넣어 보관하세요. 이렇게 하면 원하는 스카프를 빼고 넣기 쉽고, 보관도 간편해요. 상자 대신 북스탠드를 사용해도 됩니다.

✦ 논슬립 바지걸이 이용하기

수납공간에 따라 논슬립 바지걸이에 스카프를 걸어서 수납할 수 있어요. 논슬립 바지걸이는 옷걸이 한쪽이 열려 있어, 접는 과정 없이 걸기만 하면 되고, 구김도 없고 관리도 편해요. 스카프를 자주 사용하거나 수납을 잘 못하는 사람에게 추천합니다.

⬆ 논슬립 바지걸이를 이용한 스카프 수납

4 반지

반지를 구매할 때 받은 상자에 보관하면, 부피가 커서 공간을 많이 차
지해요. 압축 스펀지를 활용하면 많은 반지를 쉽게 수납할 수 있어요.

1   압축 스펀지에 일자로 길게 칼집을 낸다.
2   여러 개의 반지를 수납할 수 있다.

5 귀걸이

귀걸이처럼 작고, 쌍으로 된 액세서리는 짝끼리 모아서 수납해야 합니다. 간단한 수납 방법을 알아볼게요.

✦ 네트망에 수납하기

옷장 문 안쪽에 네트망을 걸어서 수납할 수 있어요. 한눈에 볼 수 있
어 찾기도 쉽고, 제짝을 잃어버리는 경우도 거의 없어요. 착용했던
귀걸이를 네트망 칸에 짝을 맞춰 걸어 주면 돼요. 옷장 문을 잘 닫아
주면, 변색도 방지해요.

♠ 네트망 칸마다 귀걸이 짝 맞춰 걸기

✦ 아크릴 귀걸이 택 이용하기

침 모양 귀걸이는 네트망에 걸기가 어려워요. 아크릴로 된 귀걸이 택
을 구매하거나 귀걸이를 살 때 챙겨 두었다가 활용해 네트망에 걸어
주세요.

♠ 아크릴 귀걸이 택을 이용해 네트망에
  수납

6 목걸이

목걸이는 잘못 보관하면 뒤엉켜 버려요. 이를 방지하는 수납 방법을
알아볼게요.

◇ 지퍼백 이용하기

목걸이는 작은 지퍼백에 넣어 보관하세요. 이때, 목걸이 잠근 후 잠금장
치를 지퍼에 걸치고 지퍼를 닫아요. 이렇게 하면, 찾기도 쉽고 꺼낼 때 안
엉켜요. 지퍼백에 넣은 목걸이는 수납함에 세로 수납합니다. 공기 접촉이
줄어 산화도 방지되고, 쉽게 찾을 수 있어요.

1   목걸이 잠금장치를 지퍼에 걸치고 지퍼를 닫는다.
2   작은 지퍼백에 넣은 목걸이를 수납함에 세로 수납한다.

◇ 네트망에 수납하기

지퍼백에 넣은 목걸이는 네트망에 수납할 수 있어요. 지퍼백 지퍼 아래
부분에 작은 구멍을 내서 네트망에 걸면 됩니다.

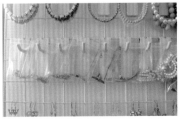

1   지퍼백 지퍼 아래 부분에 칼로 구멍을 낸다.
2   네트망에 걸어서 수납한다.

7 머리끈 & 머리핀

머리끈과 머리핀은 잘못 관리하면 서로 엉키고 잃어버리기 쉬워요.
가방끈이나 등산복 벨트를 활용하여 수납해 볼게요.

◇ 가방끈 이용하기

버려지는 가방끈이 있다면 활용해 보세요. 가방끈, 카드링, 단추를 준비합
니다. 끈을 링에 끼워 반으로 접어요. 접은 두 겹의 끈에 단추를 달아요.
그리고 단추에 머리끈을 걸쳐 끼우면 됩니다. 옷장 문 안쪽의 고리나 네
트망에 걸면 돼요.

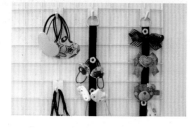

1 가방끈을 반으로 접어 링을 끼운다.
2 원하는 위치에 단추를 단다.
3 단추와 단추 사이에 머리끈을 걸쳐 끼운다.
4 네트망에 걸어 준다.

 수납 TIP **세탁소 옷걸이에 수납하기**

가방끈을 활용한 수납 도구를 걸 네트망이
없다면 세탁소 옷걸이를 이용하세요.
머리끈, 머리핀뿐만 아니라 머리띠도
수납할 수 있어요.

✦ 등산복 벨트 이용하기

훅과 구멍이 있는 등산복 벨트에 머리핀을 그대로 꽂고, 벨트 구멍을
벽에 걸어 수납하면 됩니다.

 수납 TIP **실핀 보관하기**

실핀은 잘 없어지는 물건 중
하나입니다. 쓰다 남은 골판지에
꽂아 보관하세요.

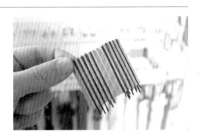

8 벨트

벨트를 돌돌 말아서 수납하면, 말았다 폈다를 반복하면서 손상되거나
변형이 생겨 수명이 단축될 수 있어요.

✦ 네트망 이용하기

옷장 문 안쪽에 네트망을 설치하고, '네트망 일자 훅'을 하단에 일렬로 걸
어 주세요. 그리고 벨트를 네트망 훅에 걸면 돼요. 구멍이 없는 버클은 집
게를 활용해 걸면 됩니다.

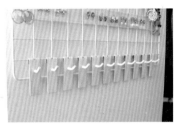  

1   옷장 문에 네트망을 설치하고, 네트망 일자 훅을 건다.
2   벨트를 네트망 훅에 건다.
3   벨트에 구멍이 없으면, 문구용 집게를 활용한다.

✦ 다용도 걸이 이용하기

조리 도구를 거는 다용도 걸이도 활용해 보세요. 옷장 문 안쪽에 부착해
서 벨트를 고리에 걸어 줍니다.

1 옷장 문에 다용도 걸이를 붙인다.
2 벨트를 고리에 건다.

 수납 TIP **구멍 없는 버클 수납하기**

신용카드 같은 플라스틱 재질 카드를 활용할 수 있어요.

1 작게 잘라서 양쪽에 구멍을 만든다.   2 한쪽 구멍에 버클 고리를 끼운다.

3 남은 구멍을 네트망 일자 훅에 건다.

🎽 9 모자

캡 모자는 뒷부분을 안쪽으로 접어 수납합니다. 집게형 바지걸이나 페트병을 활용할 수도 있어요.

✦ 반으로 접기

캡 모자는 뒷부분을 반으로 접어서 수납합니다.

⬆ 접어서 수납

✦ 집게형 바지걸이 이용하기

반으로 접은 가방끈에 링을 끼우고 단추를 단 후, 각 단추에 바지걸이를 걸어요. 그리고 모자를 바지걸이 집게로 집으면 쉽게 수납할 수 있습니다.

⬆ 가방끈 길이에 따라 모자를 추가로 수납

✦ 페트병 이용하기

큰 페트병 하단을 잘라 모자를 얹어 두면, 형태를 유지할 수 있습니다. 빈 분유통도 됩니다.

⬆ 페트병 활용한 수납

4
이불장 수납하기

이불은 부피가 커서 수납공간을 만들기 쉽지 않아요.
이불 접는 방법에 따라
공간 활용도 여유롭고 관리하기도 훨씬 간편합니다.

1 이불 접기

이불은 수납공간에 따라 3~4등분으로 접어요. 접는 방법은 이불의 크기와 두께에 따라 달라질 수 있어요. 마지막에 이불 두께만큼 공간을 띄어 놓고 접어야, 흐트러지지 않아요.

1 이불을 세로로 3등분하여 한쪽을 안으로 접는다.
2 나머지 부분을 안으로 접는다.
3 다시 4등분하여 양쪽을 안으로 접는다.
   TIP … 이불 두께만큼 공간을 띄우고 접어요.
4 다시 반을 접는다.

👕 2 이불 넣기

이불을 깔끔하게 접었더라도, 넣는 방향에 따라 효과가 달라요. 깔끔하게 접힌 부분이 보이도록 옷장에 넣으면 이불이 미끄러지기 쉬워요. 여러 겹 접힌 부분이 보이도록 넣어야 안정적입니다.

이불은 부피가 있어서 위쪽 선반을 사용하기 어렵습니다. 철 지난 이불, 손님용 이불 등을 위쪽 선반에, 자주 사용하는 이불은 아래 칸에 수납합니다.

↑ 깔끔해 보이지만 미끄러지기 쉬운 수납

↑ 깔끔해 보이진 않지만 안정감 있는 수납

 수납 TIP 중간 선반 만들기

이불장에 선반이 하나만 있으면 무거운 이불을 겹쳐 두었을 때 불편해요. 선반 하나를 더 만들면 수납도 간편해지고, 이불을 꺼낼 때 흐트러짐도 적어요. 베개는 세워서 넣으면 빼내기 쉽습니다.

PART
3
주방

1

주방 수납하기

주방 수납에서 핵심은 주방 기구를 보이도록 할 것인지와 어떤 동선으로 할지입니다.
자신만의 스타일과 노하우가 필요합니다.

1 보이는 수납 & 감추는 수납

수납 방법은 크게 '보이는 수납'과 '감추는 수납'이 있어요. 보이는 수납
은 말 그대로 물건을 밖에 보이게 두는 방법입니다. 간편하고 사용하기
에는 편리하지만, 어수선하고 혼잡해 보일 수 있어요. 감추는 수납은
수납장이나 남는 공간 안에 물건을 보관하는 방법입니다. 자투리 공간
까지 활용하여 깔끔해 보이지만 허전한 느낌을 줄 수 있어요. 가장 실
용적인 방법은 두 가지를 적절히 혼합하여 수납하는 거예요.

↑ 보이는 수납을 한 전자레인지와 밥솥

↑ 감추는 수납을 한 전자레인지와 위생팩

2 동선 최소화

주방은 음식을 만들고 보관하고, 설거지를 하는 공간입니다. 집안일 중 식사와 관련된 곳으로 힘들지 않고 즐겁게 시간을 보내야 해요. 그래서 효율적으로 움직여야 합니다.

요리 과정에 따라 [냉장고] → [개수대] → [조리대] → [가열대] → [배선대] 순으로 주방 기구와 조리 도구를 손 닿는 곳에 수납하세요. 시간과 에너지 소비를 줄여 효율적이에요.

✦ 요리 과정

1 냉장고에서 식재료 꺼내기

2 개수대에서 다듬어 씻기

3 식재료 손질하기

4 가열대에서 조리하기

🏠
2
싱크대 수납하기

싱크대 수납공간은 크게 개수대, 개수대 상·하부, 싱크대 상·하부 수납장으로 나누어져요.
싱크대 수납에서 핵심은 동선이 짧아지도록, 적절한 곳에 적절한 물건을 두는 것입니다.

🗄 1 개수대 하부장 & 개수대

개수대는 식재료를 씻고 설거지를 하는 곳으로, 물을 많이 사용합니다. 그래서 개수대 하부장에는 냄비, 채반, 볼, 소쿠리, 칼, 가위 등을 수납합니다. 배수관 때문에 습기가 있으니, 전기 제품은 수납하지 마세요.

⬆ 포개서 수납하면, 아래 냄비를 꺼낼 때 불편

✧ 냄비 & 그릇

개수대 하부장에는 냄비, 채반, 볼, 소쿠리 등을 수납하세요. 배수관 때문에 선반 설치가 어려워, 냄비나 프라이팬을 포개서 수납하는 경우가 많아요. 이렇게 수납하면, 아래에 있는 냄비를 꺼낼 때 다른 냄비도 같이 꺼내야 해서 불편해요.

하부장에는 조립식 싱크인 선반을 활용하세요. 이 선반은 배수구에 상관없이 설치할 수 있어요. 개수대 하부 길이에 맞춰 조절도 가능해, 냄비가 겹치지 않게 수납할 수 있어요. 채반과 볼을 포개더라도 종류별 수납하면 꺼내기 편리해요.

⬆ 길이 조절이 가능한
   조립식 씽크인 선반 설치

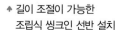

⬆ 채반과 볼은
   종류별로 포개서 수납

✧ 손잡이 채반

채반 종류는 물을 사용할 때 많이 써서 개수대 하부장에 포개어 두면 편리합니다. 그런데 손잡이가 있는 채반은 포개어 수납하기 불편하므로 개수대 문 쪽에 걸어 두면 꺼내서 쓰기도 편하고 공간 활용에 유용합니다.

↟ 손잡이가 있는 채반은 하부장 문안에 다용도 걸이를
  부착하여 수납

✧ 칼 & 가위

주방용 칼이나 가위는 자주 사용하므로, 개수대 하부장의 문 안쪽에 수납하면 좋아요. 바로 꺼내서 사용할 수 있어요. 위험한 물건이므로 싱크대 선반보다 눈에 안 보이는 남는 공간에 수납하면, 안전하면서 깔끔한 수납이 됩니다.

↟ 하부장 문안 수납함 : 칼, 가위 보관
  페트병을 잘라 수납함 옆에 부착 : 집게, 채칼, 브러시 등 보관

↟ 수납함이 없는 경우 : 사각 요구르트병 아래 구멍을 뚫어
  부착하여 도구 수납

✦ 행주

일반적으로 차곡차곡 접어서 싱크대 서랍에 보관합니다. 그리고 싱크대 하부장의 문 안쪽 공간을 활용할 수도 있어요. 욕실용 수건걸이 2개를 세로로 부착해서, 행주를 접어 끼워서 수납합니다.

⬆ 수건걸이 2개를 문 안쪽에 세로로 고정　⬆ 접은 행주를 수건걸이에 끼워 넣어서 수납

✦ 잘 안 쓰는 그릇

자주 사용하지 않는 냄비나 그릇 등은 걸레받이 부분에 수납하세요. 싱크대 다리를 가리는 걸레받이는 대부분 긴 판자 형태입니다. 이것을 빼낸 후 빈 공간에 물건을 수납하고 다시 덮으면 됩니다.

⬆ 걸레받이 공간에는 가끔 쓰는 물건을 수납

 수납 TIP 'S'자 고리

걸레받이 틈새에 세탁소 옷걸이를 'S'자 고리로 구부려 걸면, 쉽게 당겨서 빼낼 수 있어요.

✧ 수세미

수세미는 물기가 거의 항상 있어서 세균 번식의 온상입니다. 개수대에 수
세미를 걸 수 있도록 세탁소 옷걸이를 잘라서 거치대를 만들어요. 사용한
수세미를 걸어만 두어도 물기가 잘 빠집니다.

⬆ 세탁소 옷걸이를 잘라 구부려 만든 수세미 거치대,
식기 건조대에 거치

✧ 정수기

정수기는 개수대 근처에 설치하면 좋아요. 물을 마시고 남으면 버리고 컵
도 바로 씻을 수 있어 편해요. 정수기 옆에 물컵을 수납하면 바로 꺼내서
쓸 수 있어요.

⬆ 개수대 옆에 정수기 설치, 그 옆에 물컵 수납

2 개수대 상부장

개수대 바로 위에 설치된 상부장에는 밥그릇, 국그릇, 반찬 용기 등 일상에서 많이 쓰는 식기를 수납하세요. 설거지 후 다 마른 식기를 보관하면 좋아요. 자주 사용하는 식기는 아래쪽, 가끔 사용하는 식기는 위쪽에 수납하면 효율적이에요.

⬆ 개수대 상부에 자주 쓰는 식기 수납

🧑 수납 TIP 유리 밀폐 용기

밀폐 용기는 뚜껑을 닫아 수납하는데, 계속 열고 닫기를 해야 하고, 유리 용기는 미끄러져 깨질 수도 있어요. 용기와 뚜껑을 분리하면 수납이 쉬워요. 뚜껑은 플라스틱 3단 책꽂이에 세로 수납 보관하세요.

3 가스레인지 주변

불로 조리하는 것과 관련된 용품을 가스레인지 주변에 수납하면 편리합니다. 상온 보관하는 각종 양념, 프라이팬, 조리 도구를 가스레인지 가까운 곳에 수납하여 동선을 줄이면 쉽게 요리할 수 있어요.

국자, 볶음 주걱, 뒤집개 같은 조리 도구는 가스레인지 주변에 두면 음식을 하면서 바로 사용할 수 있어요. 싱크대 문 안쪽에 조리 도구를 걸면 깔끔하게 수납할 수 있어요. 에어캡(뽁뽁이)을 조리 도구 뒤 문 안쪽에 붙이면, 문을 여닫을 때 소리도 나지 않고 문에 흠집도 안 생겨요.

⬆ 가스레인지 주변에 프라이팬, 조리 도구, 양념류, 건식품을 수납

⬆ 조리 도구 뒤 문 안쪽에 에어캡 붙이기

✦ 양념류 & 가루식품

양념류는 가스레인지 주변의 하부장에 수납합니다. 양념용 슬라이드식 2단 수납장이 설치되어 있는 경우에는, 2단 수납장을 잘라 내어 슬라이드식 1단으로 쓰는 것을 추천합니다. 2단 자리에 프라이팬을 넣는 수납공간까지 생겨 편리해요.

바구니나 슬라이드식 싱크인 수납장을 서랍처럼 사용해 보세요. 뒤쪽 양념까지 쉽게 꺼낼 수 있어요. 가루 종류는 한 바구니에 담아 세워서 수납하세요.

사용 중인 가루식품은 봉지 그대로에 밀봉 도구로 습기를 막아 보관합니다. 용기에 넣는 것보다 공간을 적게 차지합니다.

잼병, 소스병 등은 재활용품이지만 제품을 통일하면 손색없는 살림 도구가 됩니다. 뚜껑에 양념과 연상되는 색깔로 표시해 이름표를 대신할 수 있습니다.

↑ 슬라이드식 2단 수납장을 1단으로 바꿔 사용, 프라이팬
　수납공간 생김

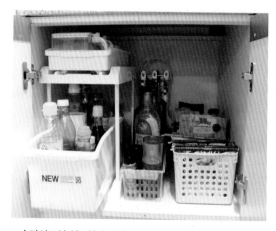

↑ 슬라이드식 싱크인 수납장

↑ 막대형 밀봉 도구 사용

↑ 잼병, 소스병을 양념통으로
　재활용

✧ 프라이팬

서류꽂이로 정리대를 만들어 프라이팬을 수납해 보세요. 먼저 서류 꽂이를 눕힌 후 피자 상자 같은 두꺼운 종이를 잘라 바닥에 깔아요. 서류꽂이 바닥에 생기는 기름때 얼룩을 방지하기 위함입니다. 그리고 프라이팬을 정리대에 세워서 수납합니다. 이렇게 보관하면 프라이팬을 넣고 빼기가 쉽고 동선이 짧아져 요리 시간을 단축합니다.

⬆ 서류꽂이를 활용한 프라이팬 정리대

⬆ 가스레인지 주변 하부장에 프라이팬 정리대 넣기

✧ 위생팩 같은 가벼운 물건

가스레인지 후드 옆의 상부장을 활용합니다. 상부장의 문 안쪽에 스틱형 조미료나 다시 백 같은 가벼운 것을 수납해도 됩니다.

⬆ 상부장 문 안쪽에 위생팩이나 가벼운 물건 수납

✦ 키친타월

가스레인지 옆 벽면에는 세탁소 옷걸이를 활용하여 키친타월이나 티슈 등을 걸어 두세요. 프라이팬 기름을 닦아 낼 때 편리합니다.

✦ 상온 보관하는 식품

라면, 참치 캔, 마른미역 등 상온 보관하는 간편 식품은 조리대나 가스레인지 밑에 수납합니다. 수납 칸막이나 북스탠드를 활용하여 세워서 보관하면 어떤 식품이 어디 있는지 바로 알 수 있어요.

⬆ 가스레인지 옆 벽면에 키친타월 수납

⬆ 수납 칸막이를 활용하여
세워서 수납

⬆ 북스탠드를 활용하여
라면 수납

 수납 TIP **싱크대 하부장 칸칸이 수납하기**

가스레인지 옆에 있는 서랍은 칸칸이 수납을 해요. 첫째 칸에는 숟가락, 젓가락, 포크 등 수저 종류를 수납해요. 둘째 칸에는 서랍 높이가 낮아 부피가 작은 조리 도구를 수납해요.
가장 아래에 있는 서랍은 대부분 깊어서 세워 보관하는 것을 수납해요. 이때 서랍에 수납 칸막이를 만들어 쓰면, 작은 물건 수납이 훨씬 수월해요. 서랍 칸막이는 손잡이가 있는 우유통 하단을 잘라서 연결하면 돼요.

⬆ 첫째 칸 : 수저 종류

⬆ 둘째 칸 : 작은 조리 도구

⬆ 맨 아래 칸 : 세울 수 있는 물건

⬆ 우유통을 활용하여 만든 수납 칸막이

4 기타 식기류

깔끔한 주방도 좋지만, 사용 빈도와 목적 동선에 맞춰 효율적으로 수납된 구조가 더 좋습니다. 보기에 좋은 것도 중요하지만, 수납이 쉬워야 하니까요. 기타 식기류 수납법을 알아볼게요.

컵

컵은 주스컵, 머그, 소주잔, 와인잔 등 모양과 크기가 다양합니다. 대부분 키 순서로 수납하는데, 이러면 뒤쪽에 있는 컵을 꺼내기 어려워요. 대신 종류별로 끼리끼리 수납을 하세요. 그리고 세로 수납을 하면, 한눈에 보이고 컵을 꺼내기도 쉬워요.

⬆ 앞줄에 작은 컵, 뒷줄에 큰 컵 수납 : 뒤쪽 컵을 꺼내기 어려움   ⬆ 종류별 세로 수납 : 꺼내기 쉬움

✦ 물병 & 보온병 & 텀블러

대부분 나들이 나갈 때 물병, 보온병을 사용합니다. 그래서 외부활동을 연상하면 떠오르는 물건으로 끼리끼리 모아서 수납하세요. 연상 수납하면 물건 위치를 기억하기 쉬워요. 우우팩이나 페트병을 활용해 눕혀서 수납하세요. 물병들을 세워서 수납하면, 뒤쪽에 있는 물병은 보이지도 않고 꺼내기도 불편합니다.

⬆ 세워서 수납 : 뒤쪽은 잘 보이지 않고, 꺼내기 불편

⬆ 눕혀서 수납 : 물건이 잘 보이고, 꺼내기 쉬움

⬆ 우유팩와 북스탠드를 활용해서 만든 수납 칸막이

⬆ 페트병을 활용한 수납공간

⬆ 바구니는 서랍식으로 활용

✦ 접시

접시를 크기에 맞춰 포개어 수납을 많이 하는데, 이러면 아래쪽 접시를 꺼내기 힘들어요. 대신 책꽂이 형식으로 세워서 수납하면, 원하는 접시를 쉽게 꺼내요. 책꽂이를 활용하려면, 책꽂이 바닥에 홈이 파진 것을 구입하거나 접시가 안 미끄러지도록 방지턱을 만드세요.

↑ 포개어 수납 : 꺼내기 어려움

↑ 책꽂이 활용한 세로 수납 : 쉽게 꺼냄,
책꽂이 앞에 방지턱을 만들면 더 안전하게 수납

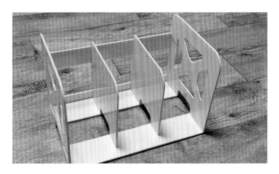

↑ 플라스틱 3단 책꽂이는 홈이 파진 것으로 구입

🙂 수납 TIP 접시 수납에 활용 가능한 도구

서류꽂이, 접시꽂이 등을 활용하면 돼요. 접시를 수납하고 남는 공간에 선반을 추가해 새로운 수납공간을 확보할 수 있어요. 철물점에서 다보 나사를 구입해서 서랍 내부 4곳에 드라이버로 박은 후, 선반을 넣어 설치하면 돼요.

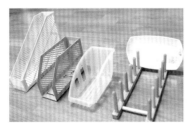

↑ 서류꽂이, 접시꽂이

↑ 다보 나사

↑ 남는 공간에 선반 추가

※ 가스레인지 & 개수대 청소하기

✧ 가스레인지 기름때

가스레인지 주변은 음식 국물 자국, 기름얼룩 등이 생기기 마련이에요. 소주(에탄올)를 분무기에 담아 뿌려서 청소하면, 가벼운 기름때는 쉽게 제거돼요. 하지만 눌어붙은 기름때는 소주(에탄올)와 베이킹소다를 함께 섞어 뿌려서 닦아야 해요. 가스레인지 버너 손잡이는 베이킹소다를 물과 섞어 칫솔이나 솔에 묻혀 구석구석 닦아 주세요.

베이킹소다는 물과 만나면 결정이 부드러워져 물건 표면에 상처를 내지 않고 오염을 제거해요. 약알칼리성이어서 지방산 오염 물질을 수용성으로 변화시켜, 쉽게 기름때를 닦아 낼 수 있어요. 뜨거운 물을 함께 사용하면 더 깨끗하게 청소할 수 있어요.

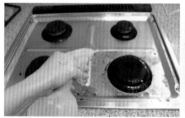  

1   소주를 분무기에 담아 상판에 뿌려 닦는다.
    TIP ··· 소주는 지방을 분해하는 성분이 있어, 기름때 제거에 탁월한 천연세제로 쓰여요.
2   눌어붙은 찌든 때는 소주와 베이킹소다를 함께 섞어 뿌려 닦는다.
3   가스레인지 버너 손잡이는 베이킹소다를 물과 섞어 칫솔이나 솔에 묻혀 닦는다.

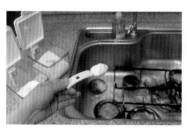  

4   개수대 싱크볼에 그레이트, 버너캡, 커버링을 담고 베이킹소다를 뿌린다.
5   세제와 찌든 때가 잘 녹도록 뜨거운 물을 부어 불린다.
    찬물보다 뜨거운 물에서 세척이 더 잘된다.
    부드러운 수세미로도 쉽게 잘 닦인다.
6   가스레인지에 올려 준다.

✧ 레인지 후드

요리할 때 생기는 매연은 폐암을 유발하는데, 이 매연을 흡수 배출하는 것이 레인지 후드입니다. 레인지 후드의 필터를 떼어 내 보면, 기름때가 많이 끼어 있어요. 그래서 주기적으로 레인지 후드 필터와 겉면에 있는 기름때와 먼지를 청소한 후 사용해야 해요. 베이킹소다와 소주(에탄올)로 세척합니다.

1 기름때가 낀 필터를 떼어 낸다.
2 필터에 베이킹소다와 소주를 뿌린 후, 뜨거운 물을 넉넉하게 부어 20~30분 정도 담근다.
3 솔로 문질러 기름때를 제거한다.

4 세척을 다 하고, 햇볕이 드는 창가에서 말린다.
5 겉면을 청소하기 위해 베이킹소다와 소주를 젤타입이 되도록 섞는다.
6 겉면에 흠집이 생기지 않도록 부드러운 수세미나 극세사 행주로 문질러 세제를 묻혀 둔다.

7 묵은 기름때가 심하면, 랩으로 덮어 기름때를 불린다.

8 불린 기름때를 극세사 행주로 닦는다.

  쇠수세미 등으로 세게 문지르면 흠집이 생긴다.

9 젖은 행주로 베이킹소다를 닦아 내고, 마른행주로 마무리한다.

  TIP ⋯ 레인지 후드를 분무기에 담은 소주와 극세사 행주로 자주 닦아 주면, 청소 시간이나 강도를 줄일 수 있어요.

✧ 수도꼭지

수도꼭지는 물과 식초를 1:1로 희석한 용액에 30분 정도 담가 두면, 깨끗하게 청소할 수 있어요.

1 통에 물과 식초를 1:1 비율로 희석하고, 여과망 부분을 30분 정도 담근 뒤 솔로 씻는다.

2 수도꼭지 틈새는 식초 희석액을 적신 칫솔로 꼼꼼하게 닦은 후, 깨끗한 물로 씻어 낸다.

  TIP ⋯ 희석액의 산성 성분이 남으면 부식이 되니, 깨끗하게 헹궈야 해요.

3 칫솔은 흡착 고무에 케이블 타이를 끼워 고정한 후, 개수대 벽면에 부착하여 보관한다.

✦ 개수대

개수대는 항상 습하고 음식물 찌꺼기가 남아 있어, 세균이 번식하기 쉬워요. 그 어느 곳보다 세심한 관리가 필요합니다. 개수대는 베이킹소다를 이용하여 청소해요.

1 베이킹소다를 수세미에 적당량 묻힌다.
2 수세미로 거름망을 깨끗하게 닦는다.
3 칫솔로 악취를 막아주는 부품까지 물때를 제거한다.

4 물때가 잘 지워지지 않으면 베이킹소다를 넣은 따뜻한 물에 30분 정도 담근다.
5 싱크볼 물때는 수세미에 베이킹소다를 희석한 물을 묻혀 닦는다.
6 극세사 행주는 물때와 물기를 한번에 닦아내어 수세미보다 효과적이다.
   TIP … 개수대 하부장의 문과 개수대 뚜껑을 닫아 두면, 악취가 날 수 있다. 잠자는 동안 개수대 하부장의 문을 조금만 열어 두어도, 환기가 되어 냄새를 방지해요.

✧ 배수구

배수구는 음식물 찌꺼기로 악취가 나기 쉬워요. 세균 증식도 빨라서
식중독의 원인이 될 수도 있으니, 자주 청소를 해야 해요. 베이킹소다
와 식초를 이용하여 청소할 수 있어요.

1 베이킹소다 1컵을 배수구에 넣는다.

2 식초 1컵을 부어, 배수구로 흘려 보낸다.

 TIP ⋯ 중화 작용으로 기포가 올라오면서, 기름때와 악취를 제거하며 살균까지
 해요.

3 약 30분 후, 뜨거운 물을 붓는다.

4 배수구 안쪽은 배수구 전용 솔을 이용하여 청소한다.

 TIP ⋯ '배수구 청소 브러시' 등을 인터넷에서 검색해 보세요.

5 전용 솔을 배수구 안에 넣어 돌려가면서 닦는다.

 배관에 맞게 휘어져서 일반 솔로 닿기 힘든 부분까지 청소한다.

6 작은 구멍인 보조 배관은 작은 브러시로 청소한다. 여기도 음식물이나
 물때가 많이 낀다.

생활 TIP 배수구에 물이 안 내려갈 때

배수구에 물이 잘 내려가지 않으면 굵은소금을 활용하세요. 배수구 입구까지 굵은소금을 넣은 후, 끓는 물을 부으면 배수구가 뻥 뚫려요. 이때, 뜨거운 물을 천천히 부으면 소용이 없어요. 빠른 속도로 훅 부어야 효과가 있어요.

1 굵은소금을 넣는다.   2 굵은소금을 배수구 입구까지 넣는다.   3 끓는 물을 배수구에 붓는다.

✦ 수세미 살균

수세미는 세균이 서식하기 좋은 환경입니다. 관리를 잘못하면, 세균이 700만 마리 이상 있다고 해요. 행주처럼 삶을 수도 없는 수세미를 살균하는 방법을 알아볼게요.

1   식초를 희석한 물에 수세미를 담근다.
2   이대로 전자레인지에 3~4분 돌려 주면 살균된다.

3   소독한 수세미는 통풍이 잘 되는 개수대에 걸어서 보관한다.
4   햇볕에 말리면 더 효과적으로 소독된다.

3
냉장고 수납 원칙 10가지

냉장고는 식품을 오래 보관한다는 생각에, 계획 없이 사다가 넣게 돼요.
이렇게 냉장고에 이것저것 넣다 보면, 집에서 수납이 가장 엉망인 공간이 됩니다.
식품의 신선도를 유지하기 위해서라도 냉장고 수납을 잘해야 하는데, 그 노하우를 알아볼게요.

냉장고나 김치냉장고를 제대로 정리하려면 반드시 지켜야 할 규칙이 있어요.
다음 10가지 원칙만 잘 지켜도, 깨끗하고 활용도 높은 냉장고를 만들 수 있어요.

1 먹을 만큼만 구입하기

음식을 먹을 만큼만 사면, 신선한 식품을 먹을 수 있고 정돈도 쉬워진다.

2 여유 공간 남기기

여유 공간이 많을수록 냉기의 흐름이 좋아 전력 소비도 줄고 신선하게 보관할 수 있다.

3 투명 용기 사용하기

투명 용기에 담으면 내용물이 무엇인지 쉽게 파악할 수 있어 찾기가 쉽다.

4 세워서 수납하기

식재료를 한눈에 찾고 꺼내기 쉽다. 채소를 자라는 방향으로 보관해 시드는 속도를 늦춘다.

5 채소는 키친타월에 싸기

채소를 키친타월에 싸면 수분이 잘 유지되어 물러짐이 늦춰진다.

6 구입 날짜 & 개봉 날짜 적기

유통기한은 개봉 전 기준이므로, 반드시 개봉한 날짜를 적는다.

7 1회분으로 나누어 냉동하기

소분해 포장하면, 냉·해동 과정에서 생기는 세균을 줄인다. 해동한 식품은 절대 다시 냉동하지 않는다.

8 선반마다 용도별 수납하기

선반마다 용도별로 분류해 두면, 찾기도 쉽고 꺼내고 넣기도 쉬워진다.

9 서랍식 수납 & 이름표 붙이기

서랍식 수납은 바구니를 앞으로 빼면서 뒤에 있는 식품까지 한눈에 볼 수 있다. 이름표를 붙이면 찾기도 쉽지만 제자리로 돌려 두는 습관도 들일 수 있다.

10 한 달에 한 번 전원 끄고 청소하기

냉장고에 있는 세균은 새로 넣은 식품까지 상하는 속도를 당긴다. 건강한 식품 관리를 위해 청소를 한 달에 한 번은 해준다.

1 먹을 만큼만 구입하기

냉장고 정리에서 가장 먼저 할 일은 냉장고에 있는 식품 리스트를 작성하는 거예요. 이 리스트를 가지고 장을 보면 중복해서 구매하는 일이 없어집니다. 식품을 냉장고에 보관하더라도 날짜가 지날수록 신선도와 식감이 떨어집니다. 신선한 재료를 필요한 만큼만 구입해야 합니다. 그러면 버리는 식품도 줄어 식비 부담도 줄어 들어요.

⬆ 냉장고 식품 분류

 생활 TIP **묶음 상품 따져 보기**

'1+1' 같은 묶음 상품은 싸다는 생각에 구매부터 하게 돼요. 많은 수량을 사서 제때 다 먹지 못하면 신선도가 떨어져요. 건강을 생각하면 절대 저렴하지 않아요. 심지어 음식물 쓰레기로 버린다면, 또 다른 비용이 들어가는 거예요. 필요한 양만 구매하는 지혜가 필요해요.

2 여유 공간 남기기

냉장고를 꽉 채우면 냉기 순환이 잘 되지 않아요. 식품의 신선도가 떨어지고, 전기도 더 많이 소모해요. 그래서 냉장고는 60~70% 정도만 채워야 해요.

먹을 만큼만 구입해서 보관하면, 효율적인 에너지 소비는 물론 음식물 쓰레기도 줄어들어요. 그리고 남은 배달 음식이나 패스트푸드를 냉장고에 보관하는데, 대부분 안 먹고 버려요. 배달 음식이 남았다면 미련없이 처분하세요.

⬆ 냉장고의 60~70% 정도만 채워야 함

3 투명 용기 사용하기

구매한 식재료는 투명 용기에 옮겨 담아 두세요.
그러면 어떤 재료가 어디에 있는지 한눈에 확인이
가능해요. 특히, 반찬을 보관하기 좋아요. 이름표
까지 붙여 놓으면 더 쉽게 찾을 수 있습니다.

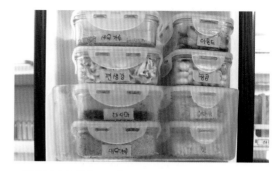

↑ 투명 용기에 식재료 보관

4 세워서 수납하기

특히, 채소는 자라는 방향으로 세워서 수납하세
요. 채소를 눕혀서 보관하면 자라던 환경이 달라
져 거기에 적응하느라 에너지 소비가 많아집니다.
그래서 빨리 시들어요. 세워서 수납하면, 식재료
를 한눈에 찾기도 쉽고 꺼내기도 쉬워요. 식재료
를 찾으려고 뒤적거리느라 문을 오래 열어 둘수록
냉장고 안의 온도 변화가 심해져 재료가 오래가지
못해요.

↑ 채소는 세로 수납(우유통 활용)

5 채소는 키친타월에 싸기

냉장고에 채소를 보관하면, 수분이 생겨 채소가
쉽게 물러집니다. 특히 수분이 많은 오이나 잎채소
는 더 쉽게 물러져요. 키친타월에 싸서 세로 수납
하면, 키친타월이 수분을 흡수해 채소가 물러지
는 것을 늦출 수 있어요.

↑ 오이나 잎채소 등 채소는 용기 바닥에 키친타월을 깔고 보관

6 구입 날짜 & 개봉 날짜 적기

먹다 남은 식품에 구입 날짜, 개봉 날짜를 기록합니다. 기록한 날짜를 보면, 사용할 때 먹을 수 있는지 버려야 하는지 쉽게 판단되어 효율적으로 관리할 수 있어요. 밀봉·보관 상태에 따라 소비기한이 달라진다는 것도 기억하세요.

⬆ 구입 날짜, 개봉 날짜 표시

7 1회분으로 나누어 냉동하기

한 번씩 사용할 분량으로 나누고, 되도록 얇고 평평하게 펴서 냉동하세요. 냉동도 빠르고 해동할 때도 시간도 단축돼요. 고기는 냉·해동을 빠르게 해야 육즙 손실을 줄일 수 있어요. 얼리는 고기에 젓가락으로 구획을 구분해 그어 놓으면, 필요한 만큼 칸칸이 떼어내 사용할 수 있어 좋아요.

TIP … 냉기 전달이 빠른 알루미늄 쟁반에 담으면 급속 냉동할 수 있어요.

⬆ 고기를 얇고 납작하게 펴서 냉동,
　 필요한 만큼 떼어 낼 수 있게 구획 긋기

8 선반마다 용도별 수납하기

냉장고 선반마다 용도별로 수납합니다. 냉동실에는 육류와 생선, 건어물, 저장식품을 보관해요. 냉장실은 과일 칸, 채소 칸, 반찬 칸 등으로 구분해서 지정석을 만드세요. 용도별로 수납하면 정리 정돈도 편하지만 항상 그 칸에 있어, 물건 찾는데 시간을 허비하지 않아요. 그만큼 냉장고 냉기가 빠져나가는 시간을 단축합니다.

⬆ 선반마다 용도별 수납

🗄 9 서랍식 수납 & 이름표 붙이기

선반마다 용도별 수납을 했지만, 선반 안쪽에 있는 식품은 잘 보이지 않아요. 그래서 소비기한을 훌쩍 넘기기도 합니다. 이럴 때는 식재료를 바구니에 담아 서랍식으로 수납합니다. 안쪽까지 한 번에 보여서 버리는 식품을 줄입니다. 또한, 바구니에 이름표를 붙이면 식품을 제자리에 되돌려 두는 습관도 생깁니다.

⬆ 바구니에 이름표 붙이고, 서랍식 수납

⬆ 식료품 통에 이름표 붙이기

⬆ 납작 용기에 이름표 붙이고, 세로 수납

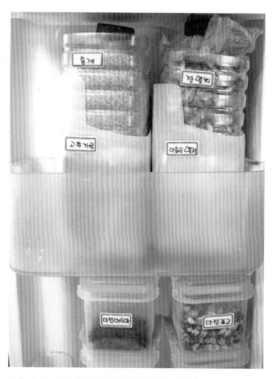

⬆ 통에 이름표 붙이고, 선반마다 용도별 수납

📓 10 한 달에 한 번 청소하기

냉장고 관리 소홀, 잘못된 보관 방법 등으로 세균이 생기면 냉장고 환경에 좋지 않아요. 음식물 자국이 남거나 채소에서 이물질이 나오면 식중독균이 생길 수 있어요. 그래서 한 달에 한 번 정도 냉장고 청소를 하면 위생 관리에 도움이 됩니다.

♠ 청소 전 냉장고

♠ 청소 후 냉장고

4

냉장실 수납하기

냉장실에 많은 식품을 보관합니다.
빠르게 먹어야 할 음식이나 얼리지 않은 음식을 주로 두는데,
수납 상태에 따라 식품의 보관 기간이나 맛이 변하고, 전기세가 달라져요.

냉동실 상단
조리된 식품

냉동실 하단
장기간 보관하는
육류, 생선류

냉장실 위쪽 선반
여유 공간

냉장실 중간 선반
자주 꺼내는 밑반찬,
양념장

냉장실 아래쪽 선반
장기간 보관하는
고추장, 된장, 장아찌류

냉장실 서랍
채소, 과일을
칸 구분하여 수납
바구니에 세로 수납

📄1 위쪽 선반

냉장실 가장 위쪽 선반은 시선과 손이 쉽게 닿지 않아 잘 사용하지 않습니다. 그래서 이곳을 여유 공간으로 남겨 두어, 임시로 식품을 넣고 빼는 자유 공간으로 활용해 보세요. 먹고 남은 국 냄비나 손질 못한 채소, 냉장 보관 선물 세트 등을 넣어 두세요.

↑ 냉장실 가장 위쪽 선반 : 여유 공간으로 활용

📄2 중간 선반

냉장실 중간 선반은 눈높이에 맞고 편하게 손이 닿는 위치예요. 매일 또는 자주 꺼내 먹는 밑반찬 종류와 양념장 종류를 보관하세요. 투명 용기를 사용하면 무슨 반찬이 들어 있는지 열어 보지 않고도 꺼낼 수 있어요. 그만큼 냉장고 문을 열어 두는 시간을 단축합니다. 용기는 모양과 크기가 통일된 것으로 사용하면 좋아요. 큰 사이즈보다는 작은 사이즈로 사용하면 공간을 보다 효율적으로 이용할 수 있어요.

↑ 모양과 크기가 같은 투명 용기로 수납

🗄 3 아래쪽 선반

가장 아래쪽 선반에는 고추장, 된장, 장아찌 등 장기간 보관하는 식품을 보관하세요. 장아찌 종류는 보통 유리병에 보관하여 무겁습니다. 낮은 곳에 수납해야 꺼낼 때도 수월합니다.

⬆ 냉장실 가장 아래쪽 선반 : 저장식품 보관

👩 수납 TIP **수납 트레이 활용하기**

고추장, 된장, 초고추장 같은 양념장은 요리할 때 자주 사용해요. 양념장만 바구니에 모아서 담으면, 음식을 만들 때 편리하게 사용할 수 있어요.

🗄 4 냉장실 서랍

냉장실 서랍은 선반보다 일정한 온도를 유지하기 때문에 채소와 과일을 수납하기 좋아요. 채소나 과일 등을 마구잡이로 넣으면 뒤적거리며 찾아야 하고, 밑에 깔린 채소는 짓물러지게 돼요. 칸을 나누고 세워서 보관하세요. 서로 짓눌리지도 않고 한눈에 찾기도 쉬워서 버리는 식품이 줄어듭니다. 우유통이나 쇼핑백 등으로 수납 바구니, 수납 칸막이를 만들어 사용해 보세요.

⬆ 플라스틱 우유통, 쇼핑백을 활용한 수납 칸막이

⬆ 칸막이로 칸을 나누고, 채소를 세워서 보관

수납 TIP **쇼핑백으로 수납 칸막이 만들기**

높이가 낮은 쇼핑백으로 냉장실 서랍에 사용할 수납 칸막이를 만들 수 있습니다.

1 쇼핑백에 필요한 높이(10cm 정도)를 설정한다.

2 끈을 제거하고 설정한 높이만큼 쇼핑백을 접었다 펴준다.

3 접힌 선에 맞춰 윗부분을 안으로 접어 넣는다.

4 쇼핑백을 활용한 수납 칸막이가 완성된다.

 수납 TIP **채소 수납하기**

자주 사용하는 채소는 꺼내기 편하게 위쪽 서랍에, 부피가 큰 채소와 과일은 아래쪽 서랍에 수납하세요. 내용물 확인이 쉬운 투명 비닐에 넣으세요. 쉽게 시들거나 수분이 많아 무르기 쉬운 부추 같은 잎채소는 키친타월로 감싸서 보관하세요. 수분이 빼앗기지 않아 신선한 상태를 유지할 수 있어요. 감쌀 때 일부분은 보이도록 하여 내용물을 쉽게 파악할 수 있게 합니다.

↑ 키친타월로 감쌀 때 일부분은 보이게 함

↑ 투명한 비닐에 넣은 뒤 세워서 보관

🗄 5 냉장실 문

냉장실 문은 온도 변화가 심한 곳이에요. 그래서 여기에는 온도 변화에 민감하지 않고 금방 먹을 식품, 자주 이용하는 유제품, 소스 등을 수납하면 좋아요. 소스 종류는 거꾸로 세워 두면 병 속에 압력이 생기면서 진공상태가 되어 좀 더 오래 보관할 수 있습니다. 키 큰 병들은 뒤쪽, 작은 병은 앞쪽에 보관하면 찾기도 꺼내기도 쉽습니다. 사각 요구르트병이나 페트병을 잘라 냉장실 문 안에 붙여 딸기잼, 케첩 같은 일회용 소스를 수납합니다.

↑ 냉장실 문 : 유제품, 소스 등을 보관

↑ 사각 요구르트병, 페트병을 잘라 냉장실 문 안에 붙여 일회용 소스 수납

↑ 거꾸로 세워서 소스 종류 보관

🙍 수납 TIP 우유통 수납함

우유통이나 페트병 하단을 잘라서 수납함으로 활용할 수 있어요.

6 냉장실 수납 사례

1 사용 빈도가 낮은 가공식품은 맨 위에 수납

2 달걀은 냄새를 잘 흡수하기 때문에 전용 용기에 담아 보관, 온도 변화가 큰 문 쪽보다 선반에 수납하여 오랫동안 신선도 유지

3 자주 사용하는 식품이나 반찬류, 김치류 등은 손이 쉽게 닿는 곳에 수납

4 아래 칸에는 저장식품, 장아찌류 수납

⬆ 냉기 흐름을 잘 유지하기 위해 냉장실의 70%만 수납

⬆ 맨 아래 선반 : 무게 있는 장류, 장아찌류 수납

⬆ 냉장실 서랍 : 칸을 나눠 과일, 채소를 분류해 보관, 신선도를 위해 비닐 밀봉

❋ 냉장실 식품 보관법

✦ 반찬

밑반찬은 보통 양을 넉넉하게 만들어요. 큰 용기에 많은 양을 한 번에 담는 것보다 작은 용기에 나눠 담는 것이 좋아요. 반찬통에서 반찬을 꺼냈다 넣었다 하는 횟수를 줄여 식감도 유지하고, 한 통을 다 먹게 되면 그만큼 공간도 빨리 생겨요. 반찬은 한 번 먹을 만큼씩 용기에서 덜어 먹어야 음식이 덜 상해요.

⬆ 밑반찬은 한 번 먹을 만큼씩 덜어서 먹음

✦ 두부

두부는 콩을 이용한 식물성 단백질이 풍부한 식품이에요. 상하기 쉬운데, 남은 두부는 정수한 물을 담은 밀폐 용기에 보관하면, 4~5일 더 먹을 수 있어요. 용기 뚜껑에 유통기한을 적어 두면 더 확실한 보관법이 됩니다. 수분이 많은 두부를 차가운 공기가 나오는 안쪽에 두면 얼 수 있으니 선반 앞쪽에 수납합니다.

⬆ 물을 담은 밀폐 용기에 두부 보관

✦ 콩나물

콩나물은 냉장고에서도 쉽게 물러 버립니다. 남은 콩나물은 물에 씻은 다음, 콩나물이 잠길 정도로 물을 담아 보관하세요. 물에 기르는 채소라서 수분 없이 보관하면 누렇게 변하고 쉽게 상하지만, 수분을 공급하면 좀 더 오래 보관할 수 있어요. 콩나물을 담은 밀폐 용기의 물은 2~3일에 한번 정도 갈아 주세요. 그러면 10일 정도 싱싱함이 유지돼요.

⬆ 물을 담은 밀폐 용기에 콩나물 보관

✧ 달걀

달걀 표면에는 1만 개 정도 작은 구멍이 뚫려 있고, 여기로 숨을 쉽니다. 그래서 주변 냄새를 잘 흡수합니다. 흔들리면 노른자가 풀어지는 등 신선도가 떨어지므로, 달걀 전용 밀폐 용기에 담아서 냉장고 문보다는 선반에 보관하세요.

용기에 구입날짜나 산란일, 유통기한을 적으세요. 보통 유통기한은 산란일로부터 30일인데, 여름에는 15일 정도입니다. 달걀은 물로 씻지 않고 보관하며, 숨을 쉬는 둥근 부분을 위로 향하도록 둬야 합니다. 위와 아래 구분이 힘들면, 구매했을 때 보관된 방향으로 두세요.

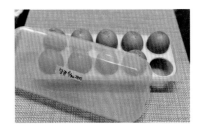

↟ 달걀 전용 용기에 보관

✧ 잎채소

상추 같은 잎채소는 수분이 많아 쉽게 짓무르기 때문에, 투명 용기에 키친타월을 깔아 보관하세요. 채소는 밭에서 자라는 방향으로 세운 후, 뚜껑에 맺히는 수분까지 잡아 주도록 키친타월을 한 장 더 덮어 밀폐 용기에 보관하세요. 밀폐 용기는 습도를 일정하게 유지하기 때문에, 식품의 신선도를 더 오래 유지합니다. 다만, 밀폐 용기의 패킹이 낡으면 밀폐력이 떨어지므로 오래된 것은 과감히 교체하세요.

↟ 잎채소는 밀폐 용기에 키친타월을 깔아 보관

✧ 양배추

양배추는 생장점이 있는 줄기 부분부터 썩어요. 그래서 이 부분을 잘라내면 더 이상 싹이 자라지 않아요. 양배추는 수분이 적기 때문에, 잘린 단면은 물에 적신 키친타월로 감싸서 밀봉하면 오래 보관할 수 있어요.

↟ 물에 적신 키친타월에 싸서 보관

✦ 뿌리채소

무 같은 뿌리채소는 관리를 못해서 세균이 생기기도 하지만, 묻어 오는 흙과 세균으로 인해 감염는 경우도 있어 이물질을 잘 제거해야 합니다. 투명 봉지에 키친타월을 깔고 뿌리채소를 담아 밀봉하세요. 페트병 뚜껑으로 만든 밀봉 팩이 밀봉 효과가 훨씬 좋아요. 외부 공기를 차단할 수 있도록 완전히 밀봉하면 바람이 들거나 시드는 현상을 줄일 수 있어요.

⬆ 이물질을 제거한 뒤, 비닐 봉지 안에 키친타월을 깔고 밀봉

✦ 들기름

볶음 음식에 많이 쓰는 들기름은 산패가 쉽고 향이 날아갈 수 있어 상온이 아닌, 반드시 냉장 보관을 해야 해요. 키친타월로 감싸서 고무줄로 묶은 뒤 우유팩에 넣어 주면, 기름이 흘러 내리는 것을 방지할 수 있어요.

⬆ 키친타월로 감싸 고무줄로 묶어 우유팩에 넣어 수납

✦ 치즈

치즈는 밀폐 용기에 담아 보관하세요. 세균 번식도 방지되고 신선도를 오래 유지할 수 있어요. 이때 밀폐 용기에 치즈 개봉 날짜와 유통 기한을 기록하면 좋아요.

⬆ 용기 뚜껑에 개봉 날짜와 유통기한 기록

✦ 남은 통조림

사용하고 남은 통조림 식품을 캔 그대로 보관하지 마세요. 캔의 주석 성분이 용해되어 남은 식품이 변질되고 중금속에 오염될 수 있어요. 통조림 햄이 남으면 자른 표면에 식용유나 식초를 바른 뒤 밀폐 용기에 담아 냉장 보관하세요. 통조림은 개봉하면 빨리 상하기 때문에 일주일 안에 먹는 것이 좋고, 이 기간을 넘길 것 같으면 미리 냉동실에 보관하세요.

옥수수, 골뱅이 등 국물이 있는 통조림에는 산화방지제, 부패방지제, 인공색소 등 여러 가지 첨가물이 들어가 있어요. 국물을 따라내고 생수에 1~2번 정도 헹구면 어느 정도 씻겨 나간다고 합니다. 헹궈 낸 통조림 식품은 밀폐 용기로 옮겨 담아 보관하세요.

⬆ 남은 통조림 햄은 단면에 식용유나 식초를 발라 보관

⬆ 남은 통조림 식품은 국물을 따라내고 물에 헹궈 밀폐 용기에 담아 보관

✦ 남은 케이크

먹고 남은 케이크를 밀폐 용기에 그대로 넣어 보관하려면, 넣기에도 꺼내기에도 불편해요. 이럴 때는 뚜껑에 케이크를 얹고 밀폐 용기를 뚜껑 삼아 덮어 주세요. 꺼내 먹기도 수월하고 용기에 크림이 묻지 않아 세척도 간편합니다. 뚜껑에 종이 호일을 깔아주면 용기에 크림이 묻지 않아 세척이 훨씬 간편해요.

⬆ 종이 호일을 깐 뚜껑에 케이크를 놓고, 용기를 뚜껑 삼아 보관

5

냉동실 수납하기

냉동실은 오래 보관할 수 있다고 생각해서인지,
저렴하게 보이는 대량 포장 식품이나 '1+1' 같은 묶음 상품 등을 구매해서 채워 둡니다.
그래서 정리정돈을 잘하지 않으면 부패나 오염이 될 수 있으니,
제대로 된 수납과 정리가 필요해요.

1 칸칸이 수납

냉동실 칸마다 맞춤식으로 수납하세요. 이때 바구니를 사용하면 수납이 훨씬 편리해요. 바구니는 냉장고에 맞는 크기로 구입하세요. 아니면 오히려 더 불편해져요. 그리고 바구니에 이름표를 붙이세요. 새로 구매한 식품, 사용하고 남은 식품을 제자리에 두기 쉬워요. 바구니를 서랍식으로 사용하면, 뒤쪽에 있는 식품까지 한 번에 꺼내고 찾기가 쉬워집니다. 수납 바구니에는 납작 용기나 비닐팩을 활용하여 1회 분량씩 소분하여 포장해 놓으면 사용이 편리합니다. 가능하면 냉동실도 가장 위 칸은 비워서 자유롭게 활용하세요.

↑ 냉동실 크기에 맞는 수납 바구니 사용

📇 2 납작 용기 활용하기

납작 용기는 말 그대로 납작한 형태입니다. 식품을 얇게 펴서 넣은 뒤 냉동을 하면 편리해요. 고기를 얇게 펴거나 간고등어 1/4토막씩, 데친 채소 1회 분량씩, 롤케이크 1조각씩 넣을 수 있어요. 1회 분량씩 넣어 바구니에 책 꽂듯이 세워서 수납하면 꺼내 쓰기도 편리해요. 세로로 세워서 수납할 때, 납작 용기가 잘 쓰러지면 북스탠드를 이용하세요. 납작 용기에도 이름표와 구매 날짜를 쓰면 좋아요.

↑ 납작 용기, 바구니에 이름표 붙이기

↑ 북스탠드를 이용하여, 납작 용기를
　세로로 세워서 수납

📇 3 냉동실 서랍

냉동실 서랍에는 제철 과일, 완두콩, 토란 줄기 같은 저장식품, 오래 두고 먹을 냉동식품을 보관하세요. 개봉한 날짜를 적고, 세로로 수납을 하세요. 냉동식품은 포장 상태 그대로 살짝만 눌러서 밀봉하여 세로 수납하세요.

↑ 개봉 날짜 표기

↑ 포장 상태에서 살짝 눌러 밀봉한 후
　세로 수납한 냉동식품

4 냉동실 문

냉동실 문은 온도 변화가 심하기 때문에, 건어물이나 마른 식품 등을 보관하세요. 작은 용기에 1회 분량씩 소분하여 수납하면 식품 신선도 유지에 좋아요. 냉동실 문 크기에 맞는 용기를 활용하면 깔끔하게 수납할 수 있습니다. 밀폐 용기를 쌓아서 수납하면 문을 여닫을 때 떨어질 수 있으니, 아크릴판이나 북스탠드를 사용해서 방지하세요. 아크릴판은 인터넷에서 '아크릴 제작'으로 검색해서 냉장고 크기에 맞게 주문 제작하여 문에 끼워 주면 됩니다.

↑ 냉동실 문 크기에 맞는 밀폐 용기와 칸막이를 활용

↑ 아크릴판을 활용해서 용기 쓰러짐 방지

↑ 북스탠드를 활용해서 용기 쓰러짐 방지

↑ 우유통, 생수병을 활용해서 수납

↑ 작은 용기에 소량으로 나눠 담아, 페트병에 쌓아서 보관

수납 TIP **냉동실 수납에서 꼭 지켜야 할 필수 사항!**

1 철저히 밀봉 보관!
식품의 수분 유지와 산소 차단, 부패 진행 방지를 위함입니다.

2 육류는 1회 분량씩 나누어 냉동!
얇게 냉동해야, 해동할 때 육즙 손실을 줄입니다.

3 개봉 날짜 기록!
개봉 후 보관 상태에 따라 유통기한 날짜 보다 사용 가능 기간이 줄어들 수 있으니 개봉 날짜를 기록합니다.

 생활 TIP **냉동 & 해동 시 주의사항**

냉동 보관하는 식품은 1회분씩 얇게 펴서 보관하세요. 덩어리 채 얼리는 것보다 급속 냉동이 되어 신선도를 오래 유지합니다. 납작해서 해동도 빠르고요. 해동은 냉장실에서 천천히 하거나 전자레인지로 빨리 해동해야 미생물 증식을 줄일 수 있습니다. 한 번 해동된 식품은 미생물이 증식할 수 있어 다시 냉동하면 절대 안 됩니다. 식품 덩어리가 클수록 안쪽과 바깥쪽의 냉·해동 시간, 온도 차이가 커서 미생물이 더 많이 생길 수 있어요.

 수납 TIP **냉동실에 견과류 보관하기**

견과류는 실온에서 많이 보관하는데, 잘못하면 곰팡이가 생깁니다. 곰팡이는 씻거나 가열해도 없어지지 않으므로 쩐 내가 조금이라도 나면 버리세요. 견과류는 먹을 만큼만 꺼내 덜고, 개봉 후에는 바로 냉동 보관합니다. 보통 견과류의 유통기한은 1년 이내인데, 개봉 전 기준입니다.

↑ 밀폐 용기에 이름표 붙여서 보관

 수납 TIP **쟁반으로 자투리 공간 활용하기**

냉장고에 빈 공간이 있다면 양쪽 턱이 있는 부분에 쟁반을 끼워 보세요. 새로운 수납공간이 추가되어 물건을 더 많이, 깔끔하게 수납할 수 있어요.

✳ 납작 용기 & 비닐팩 활용하기

고기나 생선처럼 냉동 보관하는 식품은 1회 분량씩 나눈 뒤 얇게 펴서 얼리면, 냉동과 해동시간을 단축시켜요. 이때 나눈 식품은 납작 용기나 비닐팩에 담아 주세요. 냉동하려는 식품에 따른 납작 용기와 비닐팩 활용법을 살펴볼게요.

✧ 고기

고기는 일회용 비닐팩과 밀봉 도구로 보관하세요. 고기를 비닐에 넣고 얇게 편 다음, 젓가락으로 눌러 분할하세요. 그러면 필요한 양만큼만 떼어 내서 사용할 수 있어요. 쟁반에 얇게 펴서 얼리면, 냉각도 빠르고 얼린 뒤에 수납공간도 덜 차지합니다. 밀봉된 비닐팩에 구매 날짜를 꼭 적으세요. 얼린 고기는 바구니에 넣어 세로 수납합니다.

1 비닐팩에 고기를 넣고 얇게 편 다음 젓가락으로 분할한다. 밀봉 도구로 닫고 구매 날짜를 적는다.
2 쟁반에 얇게 편 고기를 올려놓고 냉동한다.
3 냉동된 고기는 바구니에 세로 수납한다.

✦ 해산물

생선이나 오징어와 같은 해산물도 1인분씩 나눠 납작 용기에 보관하세요. 내장과 핏물은 생선을 빨리 상하게 하므로 깨끗이 씻어요. 오징어도 깨끗이 씻어 뼈와 내장을 제거한 뒤, 그대로 펴서 냉동하거나 적당한 크기로 잘라 납작 용기에 넣어서 냉동하면 돼요. 용기에 넣은 해산물을 평평한 쟁반이나 선반에서 얼린 다음, 자리가 잡히면 바구니에 넣어 세로 수납합니다.

↑ 생선 : 내장과 핏물을 반드시 제거, 1인분씩 납작 용기에 담아 냉동 보관

↑ 오징어 : 뼈와 내장을 제거한 후, 국이나 두루치기 같은 음식에 바로 넣어 사용할 수 있는 크기로 잘라 냉동 보관

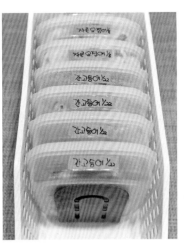

↑ 납작 용기에 생선 이름과 날짜 기입, 보기 쉽고 간편하게 수납

😊 수납 TIP **납작 용기 냉동법**

납작 용기에 식품을 담고 바로 세로 수납을 하면, 식품이 밀려 내려와 한쪽으로 쏠려요. 먼저 평평하게 냉동을 시킨 뒤 세로 수납을 하세요. 세로 수납 후, 북스탠드를 이용해 용기를 뒤쪽에서 앞쪽으로 당겨 두세요. 납작 용기의 개수가 줄어도 서랍을 끝까지 안 열어도 돼요.

✧ 데친 나물

나물, 토란줄기와 시래기 같은 저장채소는 삶아서 보관했다가 다시 먹는
경우가 많아요. 나물을 끓는 물에 살짝 데쳐서 납작 용기에 나눠 담고, 약
간의 물과 함께 얼리면 수분 유지가 되어 질겨지지 않고 식감도 오래 보
존할 수 있어요. 나물도 먼저 평평하게 얼리고, 세로 수납하세요.

⬆ 데친 나물에 물을 조금 넣어서 냉동

⬆ 납작 용기에 담아 냉동한 나물을 세로
수납

✧ 모차렐라 치즈

모차렐라 치즈는 개봉 전에는 냉장 보관이지만, 개봉 후 사용하고
남은 치즈는 냉동 보관입니다. 단시간 내에 먹을 거라면 냉장 보관도
괜찮아요. 한 번 먹을 양만큼 납작 용기에 나눠 냉동하면 쉽게 해동
할 수 있어요.

⬆ 납작 용기에 나눠 보관

✧ 롤케이크

남은 롤케이크를 냉장실에 보관하면, 케이크 원래의 생 전분으로 다
시 돌아가려는 성질 때문에 딱딱하게 변해 식감이 떨어집니다. 하지
만 냉동보관을 하면, 수분이 있는 상태로 얼기 때문에 해동해도 거
의 원상태로 유지됩니다. 한 번에 먹을 만큼씩 잘라 냉동실에 보관하
면 좀 더 오래 보관할 수 있어요.

⬆ 납작 용기에 나눠 보관

❄ 냉장고 청소하기

냉장고는 온도가 낮아 음식을 오래 보관할 수 있고 세균에도 안전하다고 생각해요. 하지만 수차례 문을 여닫는 동안 손에 의해서, 음식물 얼룩이나 이물질에 의해서, 세균 번식이 쉬운 곳이에요. 그래서 냉장실은 2도 이하, 냉동실은 영하 20도 이하로 유지하면서 최소 한 달에 한 번은 청소해 주세요. 그럼 냉장고 청소 방법을 알아볼게요.

1   냉장고 전원을 끈다. 냉동 식품은 아이스박스에 보관한다.
2   서랍과 선반을 모두 빼낸 후, 물과 식초를 1:1 비율로 섞은 식초수를 뿌려 내부에 굳어 있는 음식물 얼룩을 불려서, 구석구석 닦아 준다.
3   서랍과 선반은 베이킹소다와 구연산을 1:1 비율로 섞고, 약간의 물을 넣어 젤 타입으로 만든다.

4   세균을 완전히 없애기 위해 청소한 냉장고에 식초물을 뿌려 한 번 더 닦는다. 그리고 마른행주로 물기를 닦는다.
5   냉장고 문의 고무 패킹은 칫솔로 여러 번 살살 문질러 때를 제거한다. 세게 문지르면 고무 패킹이 늘어나므로 주의한다.
6   선반과 서랍을 햇볕에 말리면, 확실한 살균·소독이 된다.

※ 수납 도구 만들기

재활용품을 활용하여 수납 도구를 만들어 볼게요.

✦ 소스 수납함

페트병에 흡착 고무를 달아 주세요. 냉장고 문에 부착하여 소스 수납함
으로 쓸 수 있어요.

 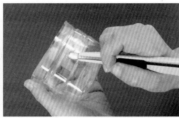 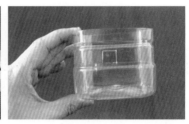

1 페트병의 아랫부분을 잘라서 흡착 고무와 준비한다.
2 페트병에 흡착 고무가 들어갈 만큼 구멍을 뚫는다.
3 흡착 고무가 쉽게 빠지지 않도록 구멍을 조금 작게 뚫는다.
   TIP … 페트병을 무리해서 자르다 손을 다칠 수 있어요. 칼로는 형태 정도만
   자르고 가위로 다듬어 주세요.

4 구멍에 흡착 고무를 끼운다.
5 냉장고 문이나 벽면에 붙인다.

둥근 우유 페트병으로 요거트 수납함을 만들어 사용하면, 차지하는 공간
이 줄어들고 홈바에서 흔들림도 방지합니다.

1 1L 우유 페트병 윗부분을 칼로 잘라 준다.
2 잘라낸 페트병의 한쪽 옆면을 'U'자 모양으로 도려낸다.

3 손이 다치지 않게 뾰족한
   부분을 둥글게 잘라 낸다.
4 'U'자로 잘라낸 곳으로
   요거트를 쉽게 꺼낼 수 있다.

설탕, 밀가루 같은 가루식품의 밀봉 팩을 페트병 뚜껑으로 만들 수 있어요.
내용물이 한꺼번에 쏟아지지 않고 덜어 쓰기 편리해요. 봉지 그대로 수납이
되어 간편하게 밀봉을 할 수 있어요.

1 페트병에서 뚜껑 입구 목부분을 잘라 낸다.
2 가루식품 봉지의 한쪽 부분을 페트병 뚜껑 입구가 들어갈 만큼 자른다.
3 페트병 뚜껑 입구 목부분을 봉지 안쪽으로 넣어 준다.
4 식품 봉지와 페트병 뚜껑 입구 목부분을 고무줄로 감아 고정시킨다.

 생활 TIP **페트병 뚜껑이 1인분**

살림 초보는 국수 1인분의 양을 제대로
측정하기 어려워요. 요리책에는 엄지와 검지로
만든 동그라미 정도라는데, 각자 손 크기가
달라 정확한 분량을 알기가 어렵습니다.
이럴 때는 생수 페트병 입구 크기를 국수
1인분으로 생각하면 됩니다. 1L 플라스틱
우유통 입구는 2인분 정도 됩니다.

✧ 가루식품 수납함

냉동실 문에 가루식품을 보관할 때 플라스틱 우유통을 활용하면 좋아요.
2단 수납이 가능하여 남는 공간을 활용할 수 있어요.

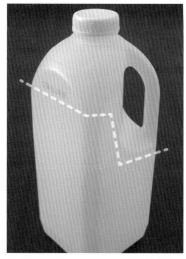 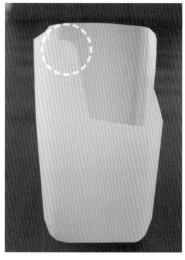 

1 손잡이가 있는 1.8L 우유통을 병뚜껑부터 손잡이 부분까지, 원하는
   모양을 잡아 칼로 자른다.

2 가위로 다듬어 준다. 뾰족한 부분을 둥글게 다듬어야 손을 안 다친다.

3 페트병 뚜껑으로 밀봉 팩을 만들어 가루식품을 담아서 잘라낸
   생수병에 넣어 준다.

4 생수병을 1.8L 우유통 안에 넣는다. 2단 수납이 되었지만 '방지턱'이
   있어 냉장고 문을 여닫을 때 떨어질 염려가 없다.

   TIP ··· 만든 수납 용기에는 이름표를 붙이는 것이 좋아요.

사각 요구르트병을 이용하여, 싱크대 문에 부착하는 조리 도구 수납 용기를
만들 수 있습니다.

1 사각 요구르트병의 밑부분을 선을 따라 자른다.

2 날카로운 부분은 가위로 다듬어 준다. 같은 방법으로 여러 개를 만든다.

3 사각 요구르트병에 흡착 고무가 들어갈 만큼 구멍을 뚫는다.

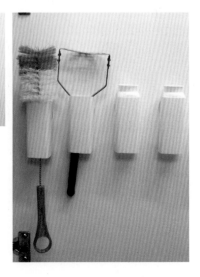

4 구멍에 흡착 고무를 끼운다. 흡착 고무는 달걀 껍질에 남아 있는
흰자를 바르면 더 단단하게 붙일 수 있다.

   TIP … 흡착 고무가 없다면, 폼 양면테이프를 사용하세요.

5 싱크대 문에 부착해서 가위, 솔, 필러 등을 수납한다.

6 양쪽을 모두 잘라도 된다.

✦ 냄비 뚜껑 거치대

찌개나 국을 끓일 때 잠시 열어 놓은 뜨거운 냄비 뚜껑을 둘 곳을 찾지 못
하는 경우가 많아요. 이럴 때 사용할 냄비 뚜껑 거치대를 만들어 볼게요.

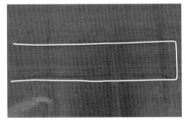 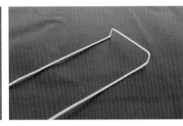 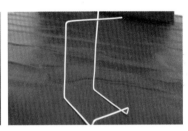

1 옷걸이를 펴서 'ㄷ'자 모양으로 구부린다.
2 'ㄷ'자 끝부분을 약간 구부린다. 냄비 뚜껑을 세울 때, 미끄러지지 않게
  하는 방지턱이 된다.
3 냄비를 세울 때, 기울어지는 길이(10cm 정도)만큼을 두고 구부린다.
  그리고 냄비 뚜껑의 지지대 부분도 15cm 정도를 구부린다.

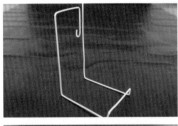 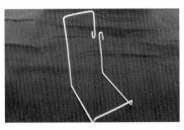 

4 뚜껑에 닿는 부분을 만든다. 고정시킬 연결 고리를 만든다.
5 서로 연결시킬 고리 부분을 위아래로 만든다.
6 고리를 연결해서 풀리지 않도록 펜치로 눌러 고정한다.
7 냄비 뚜껑을 올린다. 뜨거운 냄비 뚜껑도 안전하게 둘 수 있다.

✦ 선반 밑 남는 공간 수납함

수납을 하고 남는 작은 공간도 활용할 수 있어요. 세탁소 옷걸이로 고정
도구를 만들어 선반 밑 남는 공간을 활용해 수납하는 방법입니다. 원하는
크기로 만들면 됩니다.

 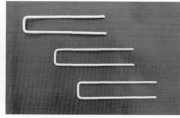 

1 세탁소 옷걸이를 일자로 펴서, 선반 두께만큼 'ㄷ'자 모양이 되도록
   구부리고 잘라준다.

2 연결할 상자의 폭에 따라 'ㄷ'자 고리를 2~3개 정도 만든다.

3 상자를 선반 밑에 대고 'ㄷ'자 고리를 끼워 고정한다.

4 고정된 수납함에 우유팩을 잘라 넣어 칸막이로 구분하여, 가벼운 티백
   등을 수납한다. 무거운 물건은 수납하지 않는다.

 수납 TIP 선반 서랍 만들기

두꺼운 종이로 서랍을 만들어 선반
아래에 부착하세요. 티스푼이나 포크
등을 수납하는 서랍장이 됩니다.
벽걸이용 고리를 거꾸로 붙여 서랍
손잡이로 사용할 수 있습니다.

✦ 커피 상자 수납함

커피를 컵이 있는 수납장 밑에 수납하면 동선이 짧아져서 찾기가 쉬워요.
세탁소 옷걸이를 활용해 커피 상자 수납함을 만들어 볼게요.

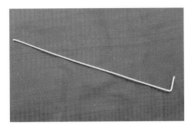  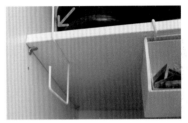

1 세탁소 옷걸이를 일자로 편다. 끝부분을 커피 상자의 방지턱이 되도록
  'ㄱ'자 모양으로 꺾는다.
2 방지턱을 기준으로 상자를 철사로 감싼다.
3 선반 두께를 확인해 표시하고, 철사 윗부분을 그만큼 꺾는다.

4 'ㄹ'자 모양이 되도록 나머지 부분을 잘라낸다. 같은 모양으로 하나 더
  만든다.
5 커피 상자에 구부러진 철사를 끼운다. 철사 끝부분이 까칠하니,
  글루건으로 마무리하거나 빨대를 끼운다.
6 커피 잔이 있는 수납장 선반에 끼운다.

✦ 위생팩 걸이

위생팩, 위생장갑은 주방에서 많이 사용하는데, 그때마다 서랍에서 꺼내기
번거롭다면 벽에 걸어서 한 장씩 사용해 보세요.

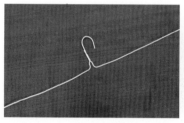 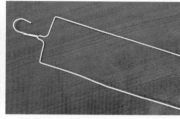 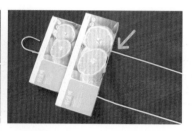

1 세탁소 옷걸이 하단 가운데를 잘라서 양쪽으로 펴 준다.
2 펼쳐진 옷걸이를 위생팩을 받쳐줄 너비만큼 구부린다.
3 수납할 위생팩 상자를 옷걸이에 올려 상자 높이를 표시한다.

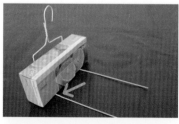 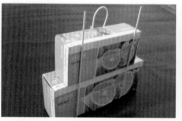 

4 표시된 부분에서 직각이 되도록 구부리고, 상자 두께를 표시한다.
5 두께만큼 직각이 되도록 구부려 준다.
6 상자 지지대가 되어 줄 위치를 표시하고 구부린다. 그리고 끝부분이
   서로 포개어지지 않게 잘라 준다.
7 자른 부분에 빨대를 끼워 연결한다. 수납장 문 안쪽에, 흡착 고무나
   다른 걸이를 활용해서 건다.

✦ 위생장갑 걸이

비닐 위생장갑 걸이도 위생팩과 비슷한 방법입니다.

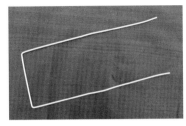
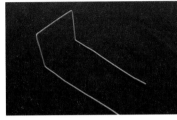
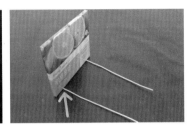

1 세탁소 옷걸이를 일자로 펴고 나서, 'ㄷ'자 모양으로 구부린다.
2 상자를 감싸줄 높이만큼 직각으로 구부린다.
3 옷걸이에 상자를 세워 놓고 두께만큼 철사에 표시한다.

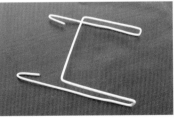

4 펜치를 이용하여 표시에 맞춰 구부린다.
5 철사 끝부분을 고리 모양으로 구부린다.
6 위생팩 걸이와 연결하여 수납장 문 안쪽에 건다.

키친타월은 주방에서 많이 쓰는 위생 도구로, 잘 보이는 장소에 수납하면
좋아요. 판매하는 제품을 쓰거나 직접 만들어 보세요.

 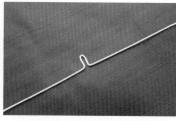 

1 일자로 편 세탁소 옷걸이를 반으로 구부린다.
2 걸이의 고리 부분을 남기고, 나머지 부분을 양쪽으로 벌려 준다.
3 펼친 중앙 부분을 기준으로 키친타월 가로 폭에 맞춰 양쪽을 직각으로
  구부려 준다.

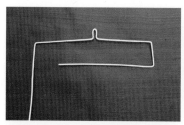 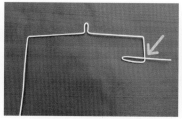 

4 키친타월 두께에 맞춰 구부려 준다.
5 손이 다치지 않도록 적당한 지점에서 접어 자른다.
6 펜치로 양쪽 접힌 부분을 꾹 눌러 마무리한다.
7 수납장 문의 안쪽이나 빈 공간에 걸어서 수납한다.

✦ 흘러내리지 않는 옷걸이

세탁한 옷을 옷걸이에 걸어 말릴 때, 어깨 부분이 흘러내리기도 해요.
이를 방지하는 옷걸이를 만들어 볼게요.

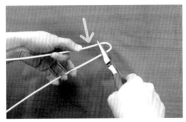 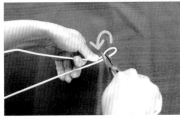 

1 세탁소 옷걸이 하단 끝 쪽을 손으로 잡고 펜치를 이용해 눌러 준다.

2 동시에 펜치를 아래로 돌리면서 눌러 준다.

3 끝이 볼록한 모양이 된다.

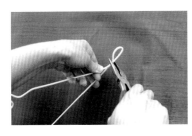  

4 펜치로 오목한 부분을 꾹 눌러 'V'자 모양이 되도록 한다.

5 반대편도 같은 방법으로 'V'자 모양을 만든다.

6 끈 티셔츠를 걸어도 옷이 흘러내리지 않는다.

TIP … 바지는 옷걸이 양쪽에 벨트 고리를 끼워, 건조대에 걸면 돼요.

PART
4
아이방·거실·욕실·다용도실

1
아이방 수납하기

아이방은 책, 장난감, 학용품으로 쉽게 어질러져 정리정돈이 어려운 공간입니다.
그래서 아이방 수납에서 가장 중요한 포인트는
아이 스스로 정리정돈하는 습관을 가지도록 수납 환경을 만들어 주는 것입니다.

🪑 1 가구 배치

아이방이 좁아서, 수납을 못 하겠다는 경우가 있습니다. 집 크기보다 공
간 목적에 맞는 가구를 배치해 보세요. 그리고 수납 도구를 제대로 활
용만 해도 집 크기에 상관없이 효율적인 수납을 할 수 있습니다. 여러
가지 수납 노하우를 알아볼게요.

↟ 방이 어수선해 보임

↟ 장난감 박스와 학용품, 사용하지 않는 아기용품 등이
어지럽게 분산 보관

⬆ 학습, 놀이 등 구역을 나누어 가구 재배치,
안 보는 책을 정리해서 작은 책장 비워 냄

⬆ 안 보는 책은 나눔을 하고, 영역별로 책 분류하여 배치

⬆ 흩어져 있던 수납 상자를 모아 장난감 수납

↑ 아이방에 한 세트로 있어야 할
  가구가 공간이 부족해 안방에 위치.
  안방문까지 잘 열리지 않음

↑ 안방에 있던 아이방 가구를 가져옴, 가구가 늘어났지만 공간 활용은 더 실용적

 수납 TIP **종이 상자로 서랍 칸막이 만들기**

종이 상자를 잘라 서랍 중간에 칸막이로 넣으면, 흐트러지지 않게 옷을 보관할
수 있어요. 옷을 세워서 수납하면 꺼내기가 쉽고, 아이가 칸칸이 정돈된 서랍장을
보면 깔끔하게 사용하는 습관도 생겨요.

수납 TIP 아이 옷걸이 만들기

어른용 옷걸이에 아이 옷을 걸면 크기가 달라 옷 모양이 망가집니다. 세탁소 옷걸이를 활용해 아이 옷걸이를 만들어 볼게요.

1 세탁소 옷걸이를 아이 옷의 어깨 크기에 맞게 구부린다.

2 어깨선 위치를 기준으로 옷걸이 하단 끝부분을 잡고 구부린다.

3 반대쪽도 같은 방법으로 구부린다.

▲ 만든 아이용 옷걸이에 아이 옷을 건 형태   ▲ 어른용 옷걸이에 아이 옷을 건 형태

수납 TIP 책가방 정리정돈하기

여러 개의 가방을 한 곳에 수납하면, 가방을 찾아다니지 않아서 편리해요. 그리고 가방을 정리정돈하는 환경도 만들어 줘요.

1 서류꽂이를 3개 정도 준비하여, 빵 끈이나 케이블 타이로 연결하여 고정시킨다.

2 연결된 서류꽂이를 책상 주변이나 방문 입구에 둔다.

3 책가방을 서류꽂이에 세워서 넣어 정리정돈한다. 큰 바구니에 넣어 두는 것도 방법이 된다.
TIP ⋯ 핸드백도 이 방법으로 수납할 수 있어요.

🪑 2 수납 위치 바꾸기

물건의 수납 위치만 바꿔도 공간 활용도를 높일 수 있어요. 보통 아이방에 학습 도구나 자료를 많이 보관하게 되는데, 정리가 안 돼서 제대로 쓰지 못한 경우가 대부분입니다. 이럴 때 수납 위치만 바꿔도 공간 활용도를 높이고, 정리정돈을 잘할 수 있습니다.

⬆ 어수선하고 산만한 아이방 환경, 원하는 물건을 찾기 어려움, 책장과 벽 사이에도 수납하여 어떤 물건이 있는지 알기 어려움, 꽂힌 책 위의 빈 공간에 물건을 올려 놓아서 지저분해 보임

🧑 생활 TIP 정리정돈 습관이 좋은 공부 습관으로!

정리정돈하는 습관은 아이에게 생각을 정리하는 논리력을 키워 주고,
필기나 메모도 잘하게 되어 학습 능력도 좋아집니다. 정돈을 잘하면 무슨 일부터
어떻게 해야 하는지를 판단하는 판단력도 생깁니다. 즉, 정리정돈 습관이 아이의
논리력과 판단력을 키워 주기 때문에, '정리정돈만 잘해도 성적이 오른다.'라고
많은 교육전문가들이 조언합니다.

⬆ 책장을 한쪽으로 밀고 일렬로 배치, 아이가 자주 보는 책 위주로 아이의 눈과 손이 쉽게 갈 수 있는 위치에 수납,
　 크기가 다른 책들은 아래 칸에 비슷한 종류끼리 묶어 수납

⬆ 손이 닿지 않는 책장의 위쪽 부분은
　 서류꽂이와 파일을 이용해 자료 정리

⬆ 서류꽂이에 이름표를 붙여 어떤 자료가
　 들었는지 쉽게 확인

⬆ 그림 자료를 벽면 대신 책장 선반에
　 고리를 붙여 진열

✧ 책장 정리하기

아이가 싫증 낼 때 위치 바꾸기

아이들은 가지고 놀던 장난감을 금방 싫증 내지만,
시간이 흐른 후 다시 꺼내 주면 또 잘 가지고 놉니
다. 마찬가지로 싫증 내는 동화책도 위치를 바꿔 주
세요. 아이가 쉽게 꺼내 보기 좋은 자리에 주기적
으로 시리즈별로 자리를 바꿔 보세요. 안 읽던 책
도 다시 관심을 가지며 읽게 됩니다.

↑ 주기적으로 시리즈별 위치 바꾸기

사용 빈도에 따라 위치 정하기

책은 사용 빈도에 따라 위치를 정하는 것이 좋아
요. 아이의 눈높이와 키를 고려하여, 손이 쉽게 가
는 위치에 자주 보는 책을 두세요. 그래야 자주 책
을 접할 수 있어요. 스케치북이나 큰 책은 높은 곳
에 수납하면 아이가 꺼내기 어렵고 꺼내다가 다칠
수 있으니, 가장 아래 칸에 두어 꺼내기 쉽도록 하
는 것이 좋아요.

↑ 아이가 자주 보는 책은 아이 시선 위치에 수납

가나다순으로 꽂기

찾아보기를 하는 책들은 번호순으로 꽂아도 되지만, 제목을 가나다순으로 꽂으면 더 쉽게 찾아볼 수 있어요. 예를 들어, '바다'라는 내용을 찾아보고 싶을 때 'ㅂ' 부분에서 쉽게 찾을 수 있어요.

♠ 찾기 쉬운 가나다순 수납

 생활 TIP **책 사이에 낀 먼지 없애기**

아이방 바닥이나 책상 먼지는 닦아내면 되지만, 책 사이에 있는 먼지는 청소하기가 어려워요.
책 먼지로 아이 호흡기가 나빠질 수 있으니, 먼지를 잘 없애야 해요.

1 책장에서 책을 빼고, 구석구석에 있는 먼지를 청소기로 제거한다.

2 베이킹소다를 연하게 희석한 물에 걸레를 담갔다 짜내 물기를 없앤 뒤 책장을 닦아 준다.

3 청소기 흡입구를 솔 모양으로 교체해서, 책 윗면 틈새에 있는 먼지를 제거한다.

4 소독용 에탄올로 손때 묻은 표지의 얼룩을 닦아 내고 소독한다.

5 바닥재 자투리를 인테리어 가게에서 얻어 필요한 크기만큼 잘라, 정돈된 책 위에 덮어 준다.

6 책에 먼지가 쌓일 때쯤, 덮어 둔 바닥재를 걸레로 닦아 주면 된다.

✦ 책상 위치 정하기

가구 배치만 잘해도 학습 환경이 개선됩니다. 아이방에서 가장 중요한 것은 편안함과 안정감이에요. 꼭 필요한 책상, 침대, 옷장 등 최소한의 물건으로 여유 있는 공간을 만들어 주는 것이 좋습니다.

방에 들어갔을 때 가장 먼저 보이는 쪽에 책상을 배치해 주세요. 책상은 출입문을 바라보거나 출입문의 측면에 위치하는 것이 좋아요. 출입문과 등을 지면 등 뒤 상황을 알 수 없는 기분에 불안할 수 있고, 창문이나 침대가 보이는 위치는 집중력이 떨어질 수 있어요.

↑ 책상은 출입문을 바라보거나 측면에 배치

 수납 TIP **여유 공간이 생기면 아이의 성격도 달라져요**

아이방에 장난감이 많으면 활동할 공간이 부족해 집니다. 여러 교육자료가 벽에 많이 붙어 있으면, 어수선한 환경으로 산만해져서 더 거친 행동을 발산하기도 하는 등 정서적으로 방해가 돼요. 물건을 줄여 공간을 넓혀 주세요. 아이의 성격을 안정적으로 바꿀 수 있어요. 어수선하고 정리정돈이 안 된 곳보다 안정되고 깨끗한 환경에서 놀이도 공부도 잘 할 수 있습니다.

✦ 공간이 넓어 보이는 가구 배치

대부분 아이방에는 책상과 책장, 침대까지 있어서 좁아요.
이런 아이방 공간이 넓어 보이는 가구 배치법을 알아볼게요.

1 좁은 공간에는 최소 가구만 둔다
- 가구가 많을수록 아이가 활동할 공간이 부족하고 답답해 보인다.

2 가구 색상은 밝은색으로 통일한다
- 가구를 밝은색으로 통일하면 공간이 넓어 보인다.
- 너무 밝은색만 사용하면 단조로울 수 있으니 가구나 벽지로 포인트를 준다.

3 같은 높이와 폭의 가구를 이어서 배치한다
- 가구 높이가 낮을수록 공간이 넓어 보인다.
- 높이만 맞춰도 정돈된 느낌을 주어 공간이 넓어 보인다.
- 새로 구입하는 가구는 기존 가구와 높이, 폭을 맞춰서 통일감을 준다.

4 가구는 한 벽면에 모아 준다
- 가구를 한 벽면에 폭과 높이를 맞추어 모으면 공간이 넓어 보인다.
- 두 벽면에 가구를 배치할 때는 한 면은 키 큰 가구로, 다른 면은 키 작은 가구로 나누어 배치하면 균형감이 생긴다.

 수납 TIP **가구 배치 요령**

가구는 키가 높은 가구부터 낮은 가구 순서로 배치하는 것이 좋아요. 그러면 시각적으로 안정적이고 편안합니다. 만약 가구를 옮기기 힘들다면 중간에 액자 등을 걸어 키 순서로 보이게 해 주세요. 침대는 벽에서 10~15cm 정도 떨어뜨려 놓으세요. 구석에 몰린 먼지를 청소하기 쉽고, 벽에서 나오는 냉기를 피할 수 있습니다.

↑ 가구를 키 순서로 배치

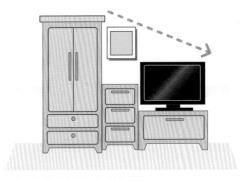

↑ 가구를 옮기기 힘들면, 소품 활용

⬛ 3 책상

✦ 책상 밑 공간

책상에 수납을 하다 보면 눈에 보이는 곳에만 물건을 두게 됩니다. 이러
면 수납공간이 부족할 수 있는데, 이럴 때는 책상 밑 남는 공간을 잘 활
용하면 됩니다.

↑ 책상 밑에 공간 박스를 넣어 자주 사용하지 않는 물건 수납

✦ 책상 서랍

학용품은 종류와 크기가 다양해서 수납이 쉽지 않아요. 책상처럼 아이가
사용하는 공간은 아이와 대화를 나누면서, 아이 생각을 위주로 정리정돈
해 주세요. 책상 서랍별로 학용품 수납하는 방법을 알아볼게요.

첫 번째 서랍

첫 번째 서랍은 깊이가 얕아, 학용품 중에서 작은
문구 위주로 수납하세요. 요구르트병이나 우유팩
등을 이용하여 서랍의 구획을 나누면 쉽게 수납할
수 있어요.

↑ 요구르트병, 우유팩을 활용해
  만든 수납 칸막이

↑ 크기를 조절한 칸에 작은 물건을 종류별로 수납

두 번째 서랍

두 번째 서랍은 보통 첫 번째 보다 깊이가 있어 사인펜, 색연필 등 펜류를 세워서 수납할 수 있어요.

⬆ 우유팩으로 칸막이 구분

⬆ 종류별로 영역을 나누고 세로 수납하여, 쉽게 찾을 수 있음

세 번째 서랍

맨 밑에 위치해 여닫기가 불편할 수 있어 자주 사용하지 않는 것을 보관하면 좋아요.

⬆ 교구 상자는 그대로 세워서 수납, 이름표 붙이기

🧑 수납 TIP **아이 스스로 정리정돈하기**

부모는 아이방을 책상, 책장, 침대, 옷장 등으로 꾸며 줍니다. 하지만 아이가 학용품이나 책가방 등을 아무 데나 놓아, 방 정리가 안 된 것을 보면 화가 납니다. 그렇다고 매번 치워 주면, 아이 습관이 나빠질 것 같아요.

이때는 아이를 다그치지 말고, 정리정돈해야 하는 이유를 설명하고 직접 정돈을 하도록 해 주세요. 빨리 끝내지 못하고, 시간이 걸리더라도 차분히 기다리세요. 아이가 자신의 눈높이에 맞춰 물건을 정돈해서 어설프더라도 수고했다고 칭찬하세요. 그리고 "모든 물건을 가지고 있을 수는 없는데, 남은 물건들을 어떻게 하면 좋을까?"라고 물어보세요. 아이가 스스로 생각하고 판단하여 자신의 물건을 정리하는 과정을 통해 사고력을 향상시킬 수 있어요.

🪑 4 학용품

아이들이 자주 사용하는 학용품과 교구 등의 정돈과 보관 방법을 알아
볼게요.

✦ 그림 붓

미술 붓, 서예 붓을 보관하는 붓발에 단추 구멍이 있는 고무밴드를 바느
질해 달아 보관하세요.

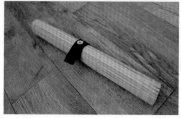

1 붓발에 단추 구멍이 있는 고무밴드를 넣어 준다.
2 고무밴드를 접어 바느질해 고정해 준다. 그리고 고무밴드 뒤쪽에 단추를
  단다.
3 붓을 붓발에 올려놓는다.
4 붓발을 돌돌 말아 단추를 잠근다.

✦ 물통

손잡이가 있는 우유통의 손잡이를 잘라 내면 붓을 꽂을 수 있으면서 물
통으로도 쓸 수 있어요. 고추장 통을 활용할 수도 있어요. 물을 버리러 갈
때, 뚜껑을 닫으면 물 쏟을 염려도 덜어요.

⬆ 손잡이 있는 우유통 활용   ⬆ 고추장 통 활용

✧ 학습 교구

보통 지도와 연표, 별자리 같은 학습 자료는 벽에 붙이거나 책상 유리 밑에 깔아 둡니다. 항상 같은 자리에 있어 잘 안 보게 돼요. 달력 쫄대와 커튼 레일을 이용해 움직이게 해보세요. 벽에 어수선하게 붙이지 않아 깔끔하고, 보관도 편리하고, 활용도도 높아집니다. 같은 방법으로 한글이나 한자 공부 카드를 만들어 활용할 수 있어요. 작은 크기의 자료는 펀칭으로 구멍을 내어 링을 끼워 주면 돼요.

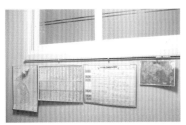

1 지도나 연표 같은 학습 교구의 윗면에 1cm 정도의 종이띠 6장을 스테이플러로 고정시킨다.

2 고정시킨 학습 교구 윗면을 달력 쫄대 안에 밀어 넣는다.

3 커튼 레일을 창틀 밑에 붙이고, 쫄대를 부착한 교구들을 걸어 준다.

4 커튼을 밀듯이 교구를 움직이면서 활용한다. 모으면 보관도 깔끔하다.

♠ 한글 카드 걸이로 활용

생활 TIP **가위 끈적임 제거**

가위에 양면테이프, 스티커 등의 접착 성분이 흔적으로 남으면 끈적거려 불편합니다. 이런 끈적임은 자외선 차단제로 없앨 수 있어요. 자외선 차단 입자와 극성 오일 성분이 스티커 접착 성분을 녹여요. 차단 지수가 높을수록 더 효과적이에요.

1 끈적임이 있는 가윗날 안쪽에 자외선 차단제를 바른다.

2 가위질을 반복한다. 끈적이는 정도에 따라 가위질 반복 횟수를 조절한다.

3 휴지나 천으로 닦아 주면, 가윗날이 깨끗해진다.

🪑 5 장난감

장난감은 아이가 자주 가지고 놀기 때문에 정리를 해도 티가 나지 않아요. 수납 도구와 함께 장난감을 제자리에 두는 습관을 만들면 아이 스스로 정돈을 하게 됩니다. 장난감 정돈하는 방법을 살펴볼게요.

⬆ 정리를 했는데도, 화려하고 알록달록한 장난감과 놀이 매트로 어수선하고 어지러워 보임

⬆ 공간 박스 위 올려놓은 물건들로 지저분한 상태

⬆ 장난감을 꺼내고 넣기 쉬운 서랍식 수납함, TV와 거리를 두고 바른 자세로 시청할 수 있도록 소파를 벽면에 붙여서 배치

⬆ 블록, 인형, 자동차처럼 부피가 있는 장난감은 큰 서랍 수납

⬆ 찾기 쉬운 칸칸이 수납

⬆ 작은 교구는 안 섞이도록
  우유통을 활용한 칸막이 수납

⬆ 공간 박스는 아이방으로 옮기고, 에어컨 옆 '전면 책꽂이'를
  가져와 배치, 거실과 현관을 구분하는 파티션 역할도 함

✳ 우유팩 활용하기

우유팩은 수납 칸막이 등으로 활용하기 좋은데, 다양한 방법을 살펴
볼게요.

✦ 폭이 넓은 수납 칸막이

우유팩 2개를 붙여서, 폭이 넓은 수납 칸막이를 만들 수 있어요.

1 우유팩 윗부분을 손으로 누른 다음 가위로 자른다.
2 윗부분을 잘라낸 우유팩 한 면을 'ㄴ'자로 자른다.
3 자른 부분을 편다. 같은 모양 2개를 만든다.
   TIP ⋯ 가윗날이 길면 자르기 훨씬 쉬워요.

4 화살표 방향대로 우유팩 2개를 서로 겹쳐 끼운다.
5 풀이나 본드, 양면테이프 등으로 우유팩 2개를 고정시킨다.
6 폭이 넓은 카레가루, 면류 등을 세워서 수납한다.

✧ 손잡이가 있는 수납함

손잡이가 있는 수납함을 만들어, 양념 바구니처럼 활용할 수 있습니다. 양념을 수납하는 도구는 쉽게 지저분해져서 자주 세척해야 해요. 하지만 우유팩으로 만들면, 더러워지면 버리고 새로 만들면 되므로 항상 위생적으로 관리할 수 있습니다.

1 우유팩 한 면을 'ㄷ'자로 자른다.
2 잘라낸 면은 접어서 고정시켜, 튼튼하게 해준다.
3 손잡이가 있는 수납함에 양념통을 수납한다.

TIP … 손잡이 부분을 열고 닫는 파인 부분으로 하면 이물질이 쌓이기 쉬우니, 다른 방향을 선택해 잘라야 해요.

✧ 구멍 뚫린 수납 칸막이

수납 칸막이는 모서리에 쌓이는 먼지를 청소하기가 쉽지 않아요. 이럴 때, 우유팩으로 아랫면이 뚫린 수납 칸막이를 만들면 청소하기가 쉬워요.

1 우유팩 중간 부분을 원하는 수납 높이로 잘라 준다.
2 같은 높이로 여러 개 만든다.
3 수납 바구니에 맞춰 자른 우유팩을 넣고, 집게나 클립으로 고정한다.
4 구멍 뚫린 수납 칸막이만 꺼내면, 쉽게 먼지를 제거할 수 있다.

TIP … 남는 공간에는 길이 조절이 되는 칸막이를 활용해요.

✳ 길이 조절 가능한 수납 칸막이

서랍이나 큰 바구니에 '분리 칸막이'를 만들어 공간을 나눠 주세요. 칸막이가
없을 때보다 수납 상태를 더 오래 유지합니다. 칸막이가 크기 조절까지 되면
활용도는 더 높아져요. 수납 칸막이를 만들어 볼게요.

✦ 우유팩으로 만들기

우유팩 윗면과 옆면을 잘라 길이 조절이 가능한 수납 칸막이를 만들 수 있어요.

1 우유팩 윗면과 한쪽 옆면을 잘라서 2개를 만들어 서로 연결한다.
2 길이를 조절해서 클립으로 고정한다.
3 수납 칸막이에 세로 수납을 하면, 쉽게 꺼내고 정돈 상태도 오래 간다.
4 우유팩을 가로나 세로로 연결하는 방향에 따라 다른 형태의 칸막이가
된다.
TIP … 서랍의 자투리 공간 활용에 유용해요.

✦ 요구르트병으로 만들기

사각 요구르트병도 우유팩과 같은 방법으로 수납 칸막이를 만들 수 있어요.

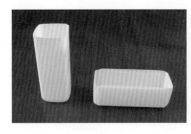 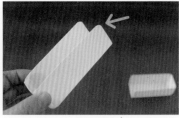 

1 사각 요구르트병의 윗면과 옆면을 잘라낸다.
2 2개를 만들어 서로 겹쳐 준다. 모서리를 둥글게 다듬어 준다.
3 화장품 샘플, 매니큐어, 티스푼처럼 작은 물건을 수납한다.
TIP … 길이를 짧게 하면 화장품 샘플을 세워서 수납하기에 좋아요.

✧ 우유팩과 요구르트병 둘 다 활용하기

우유팩과 요구르트병은 크기가 달라, 수납 물건의 크기와 길이에 따라 자투리 공간 없이 수납함을 만들 수 있어요. 우유팩이나 요구르트병 한 종류로 공간 분할이 어려우면, 둘 다 활용해서 수납 칸막이를 만드세요.

↑ 우유팩과 요구르트병을 함께 사용한 수납 칸막이

↑ 각 재료를 통일하면, 수납 칸막이가 깔끔

✧ 생수병과 우유통으로 만들기

생수병이나 우유통으로 수납 칸막이를 만들 수 있어요. 생수병은 클립을 쓰지 않아도 홈을 통해 조정된 길이를 고정할 수 있어요. 손잡이가 있는 대용량 우유통도 잘라서, 수납 칸막이로 활용이 가능합니다.

 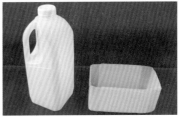

↑ 생수병 홈을 통해 조정된 길이 고정

↑ 우유통을 잘라서 만든 수납 칸막이

 생활 TIP **아이와 함께 만들어 보세요!**

아이가 직접 수납 도구를 만들고 이용하여 정리정돈 습관을 들이면, 판매하는 제품보다 더 애착을 갖게 돼요. 이는 수납을 놀이로 인식을 하기 때문이에요. 재활용으로 만들다 보니 통일성은 없더라도, 아이 시선에서는 버려지는 물건이 새롭게 재탄생하는 과정이 신기해요.

🪑 6 가전제품 전선

가전제품 전선은 제대로 관리를 안 하면 서로 엉켜서 불편해요. 벨크로(찍찍이)와 고무밴드를 이용하면 전선 정돈이 쉬워지고, 바느질을 해주면 관리도 훨씬 쉬워져요.

✦ 벨크로(찍찍이) 밴드

벨크로 밴드를 이용하면 전선을 쉽게 정돈할 수 있어요. 벨크로를 바느질해 고정하면, 밴드를 분실하지 않아요.

1 전선의 원하는 위치에 벨크로 밴드 끝 부분을 한 바퀴 감아 준다.
2 위치 이동이 가능하도록 여유 있게 바느질한다.
  TIP … 전선에 항상 밴드가 고정되어 분실 걱정이 없어요.
3 전선을 정돈하고, 벨크로 밴드를 한 바퀴 돌려 붙여 고정시킨다.
4 전선이 깔끔하게 정돈된다.

✦ 단추 구멍이 있는 고무밴드

바지의 허리 사이즈를 조절하는 고무밴드를 이용하여, 전선을 쉽게 정돈할 수 있어요.

1 고무밴드를 필요한 만큼 자른다. 자른 부분의 올이 안 풀리도록 끝을 라이터 불로 살짝 녹여 붙인다.
2 전선에 고무밴드를 한 바퀴 감아 바느질해 고정한다. 고정한 곳 옆에 단추를 달아 준다.
3 전선을 정돈하고, 고무밴드를 한 바퀴 돌려 단추를 채워 고정시킨다.
4 전선과 고대기를 같이 감으면 정돈이 훨씬 수월하다.

✦ 접히지 않는 헤어드라이어

안 접히는 헤어드라이어는 전선이 긴 경우가 많은데, 제품에 전선을 감아서 정돈합니다.

1 전선으로 헤어드라이어의 머리 부분을 한 번 감아 손잡이 쪽으로 내린다.
2 헤어드라이어의 손잡이 부분을 감는다.
3 감은 선으로 다시 머리 부분을 감는다.

4 그 선을 손잡이 쪽으로 내린다.
5 다시 손잡이 부분을 감는다.
6 이 방법으로 전선 끝부분까지 반복하여 감는다.

7 별도로 묶을 끈이 없어도 전선을 고정시킬 수 있어 묶음 자리만큼 공간을 덜 차지한다.
8 전선을 정돈한 헤어드라이어는 헤어 도구와 함께 모아 연상 수납하면 머리 손질할 때 물건 찾기가 편하다.

✦ 콘센트 덮개

어린아이가 있는 가정이면, 안전을 위해 콘센트 덮개를 만들어 보세요. 아기가 젓가락 등으로 구멍을 찌르다 생기는 감전 사고를 예방할 수 있고, 먼지 방지에도 도움이 됩니다. 덮개가 있으면 먼지를 타지 않아 깨끗하게 보이기도 해요. 물티슈 뚜껑을 재활용합니다.

1 다 사용한 물티슈의 뚜껑을 떼어 낸다.
2 양면테이프나 글루건을 이용해 뚜껑을 벽면에 붙인다.
3 물티슈 뚜껑을 열고 닫는다.

 수납 TIP **콘센트 먼지**

먼지와 전류가 만나면, 스파크가
발생하여 화재 원인이 될 수 있어요.
콘센트에 먼지가 쌓이지 않도록 항상
주의를 기울여야 해요.

⬆ 달걀판을 잘라 콘센트 덮개로 활용

✦ 컴퓨터 전선

컴퓨터는 본체, 모니터, 키보드, 마우스 등의 전선으로 주변이 복잡해요.
여기에 다른 전자 기기까지 사용하면 벨크로 밴드를 사용해도 정돈이 쉽
지 않아요. 이럴 때 신발 상자만 있으면, 깔끔하게 수납할 수 있어요.

 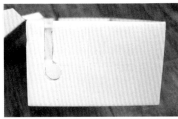 

1 전선이 많아 벨크로 밴드로도 정돈이 안 되는 상황이다.
2 신발 상자 양쪽 옆면에 전선이 들어갈 만한 크기로 칼로 홈을 낸다.
3 어떤 전선 코드인지 플러그에 이름표를 붙인다.

4 긴 전선은 길이를 줄여 벨크로 밴드로 정돈한다.
5 전선을 정돈하고 상자 뚜껑을 닫는다. 상자에 묻은 먼지만 털어내면
   관리된다.
6 전선이 정돈된 상태로 상자 속에 수납되어 깔끔하다.

※ 가전제품 청소하기

가전제품이나 컴퓨터가 어두운 색상이면, 얼룩과 먼지가 눈에 잘 띄어 더 지저분해 보여요. 이런 얼룩과 먼지를 효과적으로 제거하는 방법을 알려 드릴게요.

✦ 린스 활용하기

컴퓨터 모니터, TV 같은 가전제품의 얼룩과 먼지에는 린스를 이용하면 돼요. 헤어 린스가 머리카락 정전기 발생을 막아주는 역할을 하는데, 이를 활용하면 가전제품 정전기도 막을 수 있어요. 헤어 린스와 물을 1:5 비율로 희석하면 섬 유유연제가 됩니다. 헤어 린스와 섬유유연제는 성분이 같고 농도만 달라요.

1 헤어 린스, 물과 빈 통을 준비한다.
2 린스와 물을 1:5 비율로 섞어 섬유유연제를 만든다. 물로 희석하면 린스가 안 뭉치고 닦기가 쉬워진다.

3 극세사나 융처럼 부드럽고 먼지가 덜 나는 천에 만든 섬유유연제를 묻혀 비벼준다.
4 어두운 색상의 가전제품에 가볍게 문지르면, 얼룩도 잘 생기지 않고 깨끗하게 닦인다. 린스가 정전기 발생을 줄여 먼지도 덜 앉는다.

✦ 컴퓨터

요즘은 컴퓨터가 없으면 생활이 안 돼요. 쇼핑부터 다양한 작업까지 컴퓨터로 하는데, 쓰는 만큼 청소도 깨끗이 해야 합니다. 청소법을 살펴볼게요.

1 청소기 흡입구를 솔 모양으로 교체하고, 모니터 뒷면에 있는 먼지를 빨아들인다.

2 본체 환기구에 쌓인 먼지도 같은 방법으로 청소한다.

3 키보드는 뒤집어 털어 준다. 이렇게만 해도 틈새 오물이 제거된다.

4 소독용 에탄올을 묻힌 극세사 천으로 키보드 외관을 닦아 준다. 얼룩 제거와 소독에 효과가 있다.

   TIP ··· 얼룩 제거에 휘발성이 있는 식초나 소주를 사용해도 돼요.

5 면봉으로 키보드 사이 틈새까지 청소한다.

⌂

2

현관·거실 수납하기

현관과 거실은 가족이 함께하는 공간으로,
가족 구성원이 쉽게 사용할 수 있도록 수납을 해야 해요.
깔끔하고 편리하게 수납하는 방법을 알려 드릴게요.

🪑 1 현관

어느 집이든 가장 먼저 접하게 되는 공간이 현관입니다. 현관은 그 집의 첫인상을 좌우하는 중요한 곳이에요. 현관 입구부터 깔끔하다면, 집을 들어서는 순간부터 기분이 편안해집니다. 그런 만큼 정돈을 잘해야 하는데, 현관 입구와 신발장 정리 방법을 살펴볼게요.

✦ 현관 입구 신발

집에 들어섰을 때 현관 입구부터 깔끔하려면, 가족 수대로 한 켤레씩만 꺼내 놓습니다. 몇 켤레씩 널려 있으면 지저분해요.

⬆ 현관 입구 신발은 가족 수대로 한 켤레씩만 비치

 수납 TIP **신발장 밑 공간 활용**

신발장 밑에 공간이 있으면, 여기에 스케이트 보드나 기타 용품을 수납해 넣으면 깔끔해요.

✦ 전기 차단기 가리기

대부분의 가정에는 현관 입구에 전기 차단기가 있어요. 여기에 그림 액자를 걸면 차단기를 가리면서 인테리어 효과까지 낼 수 있어요. 안전상 액자는 유리가 없는 가벼운 액자를 걸어 주세요.

↑ 유리 없는 액자로 차단기 가리기

✦ 수납 고리 만들기

신발주머니는 현관에 걸어 수납하면, 가져 나가기도 쉽고 정돈을 습관화 하기도 좋습니다. 세탁소 옷걸이를 활용하여 수납 고리를 만들어 볼게요.

 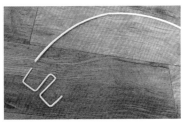 

1 세탁소 옷걸이를 잘라 'W'자 모양으로 구부려 준다.
2 날카로운 끝부분에는 빨대(또는 전선 피복)를 끼운다.
3 크기에 맞춰 빨대를 자르고, 끝부분을 라이터 불로 살짝 녹여 붙인다.
4 신발장 문고리에 걸어, 신발주머니나 여러 물건을 걸어 수납한다.

TIP … 단, 신발장 안에 들어가야 할 물건까지 걸면 어수선해지므로 주의하세요.

2 신발장

신발이 많아질수록 공간이 한정된 신발장에 수납하기가 쉽지 않아요. 신발장에 신발을 수납하는 요령을 알아볼게요.

✦ 칸칸이 수납하기

칸칸마다 가족 구성원 각각의 구역을 정해 수납하면, 신발 찾는 시간을 단축할 수 있어요. 신발을 수납장에 넣을 때는 신발 앞부분이 보이도록 넣어요. 가지런히 정돈되어 보이고, 원하는 신발을 빠르게 찾을 수 있어요. 신발이 많아서 한 곳에 수납하기 어렵다면 선호하는 신발 위주로 신발장을 채워 가 보세요. 그리고 남는 신발을 처분하면 신발을 줄일 수 있어요.

↑ 신발 앞부분이 보이도록 구성원별 칸칸이 수납

✧ 슈즈렉 사용하기

신발이 많으면, 포개어 수납하세요. 손잡이 부분을 잘라낸 플라스틱 우유
통을 이용해 보세요. 잘라낸 플라스틱 우유통 안에 신발 한 짝, 위에 나
머지 한 짝을 포개면 됩니다.

▲ 신발을 한 켤레씩 그대로 수납

▲ 플라스틱 우유통을 활용해 신발을
  포개어 수납

▲ 페트병으로도 만들 수 있는 슈즈렉

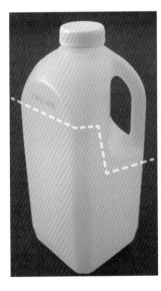

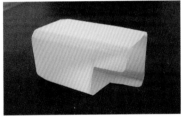

1 우유통을 병뚜껑부터 손잡이 부분까지 칼로 자른다.

2 가위로 다듬어 준다.

3 우유통 안에 신발 한 짝, 위에 나머지 한 짝을 포갠다.

✦ 롱부츠 & 레인부츠

롱부츠와 레인부츠는 부피가 커서 다른 신발에 비해 공간을 많이 차지해요. 이런 신발은 쇼핑백에 마주 보게 뒤집어서 넣어 수납하면 공간을 적게 차지해요. 그리고 먼지나 오염을 방지할 수 있어요. 넣을 때 부츠 안에 신문지를 넣으면 방습, 방충이 되고 모양도 유지해 줘요. 쇼핑백 손잡이 위치를 옆으로 바꾸면 신발을 꺼내기 쉬운 서랍식 수납도 가능합니다. 쇼핑백을 부츠 길이에 맞춰 접어 주면 공간을 더 활용할 수 있어요.

1 부츠에 신문지를 말아 넣는다.
2 마주 보게 뒤집어 쇼핑백에 넣는다.
3 쇼핑백 손잡이 위치를 옆면으로 바꿔서 서랍식 수납을 한다.
   TIP … 찾기 쉽게 이름표를 붙여요.

 수납 TIP **서류꽂이에 부츠 보관하기**

자주 신는 부츠는 넣고 꺼내기 쉽게 서류꽂이에 겹쳐 수납하세요. 신는 계절이 지난 부츠는 쇼핑백에 넣어 보관하세요.

✧ 젖은 신발

젖은 신발은 마른 수건으로 가볍게 눌러 물기를 제거한 후, 제습에 도움이 되는 신문지 뭉치를 넣어 두면 건조 시간을 단축할 수 있어요. 가죽 소재의 신발은 습기로 인해 가죽이 오염되거나 손상될 수 있어요. 완전히 마른 후 신발 겉면에 가죽 보호 왁스를 발라주면 더 효과적이에요.

⬆ 젖은 신발 안쪽에 신문지 뭉쳐 넣기

 수납 TIP **신발장 청소하기**

신발장 선반에 신문지나 큰 전단지를 깔아 두면, 걷어내기만 해도 돼 흙먼지 청소가 훨씬 수월해요.

✧ 신발장 남는 공간

신발장에는 신발만 수납하지는 않아요. 신발 이외에 신발 깔창, 운동화 끈, 구두약, 구둣솔, 공구, 우산 등을 보관합니다. 수납 상자나 서랍식 수납함을 준비해서 신발장 한쪽에 수납하면 필요할 때 쉽게 찾을 수 있어요.

⬆ 신발장 남는 공간에 수납 상자를 넣어 구두약, 깔창, 줄넘기, 돗자리 등을 보관

⬆ 공구함 : 서랍식 수납함으로 준비해서 신발장 한쪽에 수납

⬆ 나사 : 종류별로 지퍼백에 넣어 공구함에 보관

✦ 우산

우산은 길이가 다양해서 공간 활용이 중요합니다. 특히, 장우산은 별도로 우산꽂이에 두거나 선반 아래 걸어 두면 공간을 많이 차지해요. 그래서 신발장 문이나 벽 같은 자투리 공간을 활용하면 좋아요.

⬆ 장우산 : 신발장 문에 걸어 보관 ⬆ 2·3단 우산 : 신발장 벽면에 다용도 훅을
붙여 수납, 서류꽂이에 눕혀 보관

✦ 인라인 스케이트

인라인 스케이트를 그대로 신발장에 넣어 보관하면, 바퀴 때문에 문을 열 때마다 미끄러져 나오는 경우가 있어요. 이럴 때에는 신발장에 턱을 만들어 주면 돼요. 신발장 선반 끝에 색상이 비슷한 장판을 잘라서 겹쳐 붙여 만든 방지턱으로, 인라인 스케이트를 미끄러지지 않게 보관할 수 있어요.

⬆ 문을 열 때마다 미끄러져 나오는 ⬆ 장판을 잘라서 겹쳐 붙여 만든 방지턱
인라인 스케이트

생활 TIP **신발장 관리 방법**

1 신발은 그늘에 말려서 보관
신발 안에 있는 땀이 곰팡이와
악취의 원인이 될 수 있다.
통풍이 잘 되는 그늘에서 말리고
신발장에 넣어야 한다.

2 흙먼지 털고 보관
외출 후 돌아오면 신발에 묻은
흙먼지를 꼭 털고 나서 보관한다.

3 신문지로 습기 제거
젖은 신발은 신문지를 구겨 넣어
모양을 잡고, 습기를 제거한다.

4 신발장 안 신문지 깔기
신발장 안 바닥에 신문지를 깔면
제습도 되고, 흙먼지 청소도 쉽게
할 수 있다.

5 원두커피 찌꺼기로 냄새 제거
원두커피 찌꺼기, 녹차 찌꺼기,
베이킹소다, 숯 등을 탈취제로 사용할
수 있다.

6 주기적으로 환기
신발장은 주기적으로 열어 환기시켜
습기와 악취를 제거한다.

 생활 TIP **신발장 냄새 없애기**

신발장의 냄새는 카페에서 쉽게 구하는 원두커피 찌꺼기로 해결할 수 있어요.
신발장에 넣어 두면 퀴퀴한 냄새를 없앨 수 있어요. 신발장 관리를 위해 탈취제를
사용하는 것도 좋지만 주기적으로 신발장 환기를 시키는 것이 무엇보다 중요해요.

↑ 대나무 숯 탈취제

↑ 말린 원두커피 찌꺼기를 활용한 탈취제

🪑 3 거실

거실은 가족이 모여서 시간을 보내는 공간이에요. 손님이 오면 접대를 하는 공간이기도 합니다. 그래서 인테리어에 신경을 많이 쓰는 곳인데, 어떤 물건을 어떻게 수납하면 좋은지 알아볼게요.

✧ 서랍 수납

거실 수납장에는 가족 누구나 사용하는 공동용품을 수납하는 것이 좋아요. 거실 수납장에는 크기가 작은 물건을 수납하는 경우, 아무리 정돈을 잘해도 유지하기가 쉽지 않아요. 수납 칸막이로 공간을 나눠 수납하는 것이 필요해요.

⬆ 수납 칸막이 활용한 서랍 : 조미김 용기 칸막이, 남은 공간은 길이 조절이 가능한 우유팩 수납 칸막이

⬆ 우유팩으로 만든 길이 조절이 가능한 종류별 수납 칸막이

⬆ 서랍마다 수납 칸막이 활용

✧ 상비약 & 약상자

거실 수납장에 감기약, 소화제, 해열제, 진통제, 소독제 등 기본 상비약을 구비해서 약상자에 보관하면 요긴하게 사용할 수 있어요. 그런데 집에 구비한 약을 언제, 어디가 아파서 먹는지도 모르고 보관하는 경우가 많아요. 큰일 날 수도 있으니, 주의가 필요해요.

약상자는 수납 칸막이를 활용해서 세로 수납하세요. 약을 구분하기도 좋고, 깔끔하고 단정한 수납이 가능해요. 약을 보관할 때, 반드시 약의 사용 기한과 설명서를 동봉합니다. 개봉한 약은 포장상자에 그대로 담아 보관하세요.

↑ 거실 수납장에 구급약상자, 찜질기 등 의료제품 보관

↑ 기본 상비약을 수납해 두면 필요한 경우 바로 사용

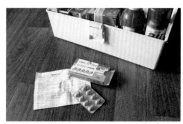

↑ 약 보호를 위해 사용 설명서와 함께 제품 상자에 보관

↑ 사각 요구르트병으로 만든 길이 조절이 가능한 수납 칸막이

↑ 낱개 포장된 알코올 솜은 수납 칸막이에 세워서 보관

↑ 남은 거즈는 지퍼백에 보관

↑ 남은 파스는 집게로 밀봉

✦ 바느질 도구 & 반짇고리

바느질 도구를 보관하는 반짇고리는 보통 안방 옷장에 두는데, 거실 수납
장에 수납하면 가족이 함께 쓸 수 있어 더 편리합니다. 거실에서 빨래를
개거나 다림질하다가 옷을 수선할 일이 생기면 바로 쓸 수 있어요.

▲ 투명 트레이를 활용한 수납 칸막이

▲ 반짇고리 상단 빈 공간 활용을 위해
2단으로 구성

▲ 실, 바늘, 가위, 쪽가위, 실뜯개, 시침핀,
핀 쿠션, 줄자, 초크 등을 세로 수납

▲ 기본 도구를 분류하여 수납한 반짇고리

▲ 보풀제거기, 자투리 천 등도 함께
보관하면 쉽게 찾을 수 있음

✦ 리모컨

요즘 가전제품에 리모컨이 있는 경우가 많아서, 제자리에 두지 않으면 리
모컨을 찾아 집 안 곳곳을 찾아다니게 돼요. 그래서 리모컨을 모아 수납
할 수 있는 리모컨 꽂이가 있으면 좋아요. 우유팩과 핸드폰 포장 상자로
리모컨 수납 상자를 만들어 볼게요.

1 우유팩을 세로로 잘라 서로 끼워 납작한 상자를 만든다.

2 같은 방법으로 납작 상자를 2개 더 만들어 붙여 준다.

3 핸드폰 상자에 예쁜 포장지를 붙여 주고, 납작 상자 3개를 안에 넣는다.

4 칸마다 리모컨을 꽂아 수납하면 편리하다.

TIP ··· 칸막이를 분리할 수 있어, 사이에 낀 먼지 청소가 간편해요.

3
욕실 수납하기

욕실과 화장실을 깨끗하고 쾌적하게 수납하는 방법을 알아볼게요.

⌂1 욕실 & 화장실

욕실과 화장실은 청소를 해도 항상 습기에 노출되어 있어, 곰팡이와 물때로 금방 지저분해지는 공간입니다. 필요 없는 물건은 줄이고 최소로 수납하세요.

✦ 욕실 수납장

치약, 칫솔, 비누, 샴푸와 같이 매일 쓰는 물건을 제외한 나머지는 수납장 안에 정돈하세요. 그래야 물건에 습기가 생기는 것을 막을 수 있어요. 선반이 있으면 물건을 계속 올려 지저분해지므로 욕실에 선반을 최소화합니다.

▲ 욕실 선반에 물건 최소화

▲ 샤워기 근처 코너 선반에는
　매일 사용하는 샴푸, 린스,
　바디샴푸만 수납

▲ 코너 선반 밑에 흡착
　비누케이스를 붙여,
　샤워 타월을 보관

수납 TIP **수건 가로 수납 & 세로 수납**

수건을 가로 수납하려면, 수건을
꺼내다 다른 수건까지 떨어지는
경우가 생기니 길고 얇게 접는 것이
더 좋습니다. 세로 수납은 북스탠드를
사용하여 쓰러짐을 방지합니다.

↟ 수건 가로 수납

↟ 수건 세로 수납

 수납 TIP **예비 휴지**

화장실용 두루마리 화장지는 욕실에
수납합니다. 하지만 화장실은 항상
습기와 세균이 많아서, 흡수력이
뛰어난 두루마리 화장지는 예비로
1개씩만 비치하는 것을 추천합니다.

↟ 예비 휴지는 위생상 1개만 비치

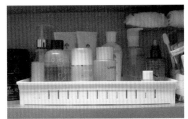

↟ 욕실에서 쓰는 화장품은 낮은 바구니에
수납, 작은 제품을 앞쪽에 위치해 뒤에
있는 제품을 꺼내기 쉬움

↟ 습기에 약한 화장솜과 면봉은 미니
서랍장 안에 수납

↟ 우유통을 잘라 수납 바구니로 사용

↟ 욕실에서 쓰는 화장품 샘플 등은
요구르트병을 잘라 수납

↟ 수납장 선반 밑에 수세미 거치대를 부착,
헤어밴드와 헤어 캡을 수납

♠ 욕실 청소에 사용하는 세제 보관함에
  이름표 붙여 보관

♠ 변기솔, 수세미는 변기의 한쪽 귀퉁이에
  걸어서 수납

 수납 TIP **생리대 보관법**

생리대는 몸에 직접 닿는 만큼 깨끗하고 안전하게 보관해야 합니다. 사용하기 편하다는 이유로 생리대를 화장실 수납장에
보관하는 경우가 많습니다. 하지만 생리대는 흡수성이 뛰어난 제품이므로 습한 곳, 먼지가 많은 곳, 직사광선은 피해 주는
것이 좋아요. 잘못된 보관은 생리대가 오염, 변질될 수 있어 주의가 필요해요.

♠ 생리대는 사용 기간 동안, 필요한 개수만
  뚜껑 있는 용기에 넣어 수납장에 보관

♠ 햇볕에 한 번 말린 제습제를 용기에
  넣어, 생리대의 습기 예방

♠ 생리대 유통기한 : 보통 제조일로부터
  36개월, 제조일이 오래 지날수록 세균
  노출에 대한 위험성이 높음

🪑 2 세면대

세면대는 세수를 하고, 손을 닦고, 양치질을 하는 공간입니다. 자주 사용하는 세면대 주변은 어수선해지기 쉬워서, 반드시 필요한 것만 보관해야합니다. 칫솔, 치약, 양치컵, 비누, 세정제만 수납하는 것이 좋아요. 세면대를 청소할 때는 일반 걸레보다 극세사 걸레를 이용하면 수세미보다 흠집과 얼룩이 덜 남습니다. 세면대 주변을 정리정돈하는 방법을 알아볼게요.

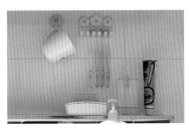

↑ 세면대 주변에는 필요한 것만 보관

↑ 비누케이스에 고무줄을 끼워 물기가 빠지게 하여 비누 관리

↑ 욕실용 다용도 꽂이에 물건이 서로 엉키고 꺼내기도 불편

↑ 생수병 안에 요구르트병을 잘라 넣어, 칸칸이 수납을 하면 깔끔하고 편리

↑ 물기 제거용 걸레는 욕실 문 뒤쪽 벽면에 흡착판과 옷걸이로 만든 걸이를 부착해 보이지 않게 수납

 수납 TIP 다용도 꽂이 활용하기

사각 요구르트병의 높이를 다양하게 해서 위아래로 잘라 생수병 안에 넣으면, 맞춤이라도 한 듯 크기가 잘 맞아요. 이렇게 만든 다용도 꽂이는 책상이나 화장대에 두고 사용해도 좋아요.

✦ 치약 거치대 만들기

깨끗한 보관과 관리를 위해 치약 거치대를 직접 만들어 보세요.
사각 주스병을 활용하면, 쉽게 만들 수 있어요.

1 작은 용량의 주스병 상표를 떼어낸다. 상표 접착 성분이 남았다면,
   모기 살충제를 뿌리고 약 5분 뒤에 휴지나 천으로 닦아 낸다.
2 밑면의 선을 따라 칼로 자른 후, 가위로 다듬어 준다.
3 주스병 중간 부분에 흡착 고무가 들어갈 만큼 구멍을 뚫는다.

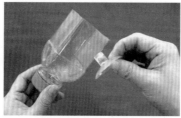 

4 구멍에 흡착 고무를 끼운다. 주스 뚜껑은 버린다.
   TIP … 흡착 고무는 달걀 껍질에 남아 있는 흰자를 바르면 더 단단하게 붙일 수
   있어요.
5 세면대 위 타일에 붙인다.

 생활 TIP **스티커 제거**

빈 병을 재사용할 때, 상표를 제거하면 내용물도
잘 보이고 깔끔해요. 풀로 붙인 스티커는 물에
담그기만 해도 쉽게 분리돼요. 접착 스티커는
헤어드라이어로 병에 열을 가해 주세요. 스티커를
떼고 남은 자국에는 모기 살충제를 뿌리고, 5분 정도
지나 휴지나 천으로 닦아 주세요.

칫솔을 제대로 관리하지 않으면 변기보다 더 많은 세균이 생깁니다. 아무리 양치를 잘하더라도 칫솔이 더러운 상태라면
치주염, 입 냄새 등의 원인이 돼요. 건강한 칫솔 관리법을 알아볼게요.

1 **따로따로 보관하기**

사용 중인 칫솔은 따로따로 보관하는 것이 좋아요. 한 공간에 같이 보관하면,
오염된 세균을 다른 칫솔에 옮길 수 있어요. 욕실은 습도도 높고, 칫솔모 틈
사이 물기가 마르지 않아 세균 번식이 더 쉬워요. 반드시 따로 보관하고, 물이
잘 빠지도록 칫솔 머리가 하늘을 향하도록 해 주세요.

↑ 컵 1개에 칫솔을 여러 개 보관하면 세균
번식이 쉬워짐

↑ 칫솔은 각각 따로 보관, 칫솔 머리가
하늘 방향, 오픈형 보관함에 수납

2 **교체 기간**

3개월 이상 사용한 칫솔은 칫솔모가 벌어져, 치아 위생에 좋지 않아요.
칫솔모가 벌어져 탄력이 없으면 이가 깨끗하게 닦이지도 않고, 잇몸에 상처를
낼 수도 있어요. 감기나 독감에 걸렸을 때 사용한 칫솔은 새 것으로 바꾸세요.
그래야 잇몸 건강을 지킬 수 있어요.

↑ 제 역할을 다한 벌어진 칫솔모

3 **칫솔 소독**

칫솔은 주기적으로 살균해야 해요. 가장 간단한 방법은, 주 1회 칫솔을 천일염
녹인 따뜻한 물에 5분 정도 담가 두는 거예요. 너무 뜨거운 물은 칫솔을
변형시킬 수 있으니, 한 김 나간 소금물을 사용하세요. 전자레인지에 1분 정도
돌려도 살균 효과가 있어요. 햇볕이 잘 들고 통풍이 잘 되는 창가에서 일광
소독을 하는 것도 좋습니다.

↑ 따뜻한 소금물에 담가 살균 소독

↑ 전자레인지로 살균 소독

↑ 햇볕이 잘 드는 곳에 일광 소독

✳ 욕실 청소하기

욕실은 자주 사용하는 곳인 만큼 깨끗하게 청소해야 위생적인 환경을 만들 수 있습니다. 욕실 청소에서 가장 신경 써야 하는 부분이 바로 변기, 세면대, 샤워기입니다. 베이킹소다, 구연산, 치약 등으로 깨끗하게 청소할 수 있습니다.

✦ 변기

변기는 세균 번식 뿐만 아니라, 제대로 관리하지 않으면 냄새까지 나게 됩니다. 사용 후, 변기 뚜껑을 열어놓고 물을 내리면 수압으로 인해 세균이 6~7m 상공까지 치솟아 올라가 퍼진다고 합니다. 변기를 깨끗하게 청소하는 방법을 알아볼게요.

1 베이킹소다와 구연산을 1:1 비율로 섞고, 약간의 물을 넣어 젤 타입으로 만든다.
2 섞은 용액을 청소용 솔에 묻혀 변기 시트의 아래쪽을 닦는다. 칫솔로 세밀한 부분까지 구석구석 닦는다.
3 비데를 사용한다면, 비데를 변기에서 분리해 닦는다.

4 물이 나오는 부분은 변기 전용 솔로 구석구석 닦는다.
5 물이 내려가는 부분은 수세미를 최대한 깊숙한 곳까지 넣어 닦는다.
6 비데 노즐 부분은 굵은소금과 구연산을 1:1로 섞고, 약간의 물을 넣어 젤 타입으로 만든 천연락스를 칫솔에 묻혀 꼼꼼하게 닦는다.

생활 TIP **천연 락스 만들기**

굵은소금과 구연산(식초)을 1:1 또는 1:2로 희석하면 천연락스가 됩니다.
시판용 락스보다 기능이 조금 약하지만 상대적으로 안전합니다. 천연락스는
굵은소금이 완전히 녹은 다음 사용하세요. 시판용 락스를 사용하는 경우,
반드시 문이나 창문을 열어 놓으세요. 뜨거운 물을 만나면 락스 속에 녹아 있던
염소 기체가 폭발적으로 나오기 때문입니다.

 수납 TIP **변기 시트 손잡이 만들기**

변기는 깨끗하게 청소를 해도 세균이 묻어 있어, 변기 시트를 만질 때 찜찜해요.
변기 시트에 손잡이를 만들어 보면 어떨까요?

1 '1+1 묶음'으로 판매되는 음료수병 연결고리 한쪽을 잘라낸다.

2 연결 부분에 폼 양면테이프를 붙인다.

3 변기 시트 아랫면에 부착한다.

4 변기 시트의 손잡이를 사용한다.

5 손가락을 걸어 들기가 쉽다.

✧ 세면대

세면대는 사용 빈도가 높은 곳이라 물때와 비누때가 쉽게 생깁니다. 헤어샴푸, 바디샴푸, 폼클렌징, 치약 등으로 청소가 가능합니다. 칫솔에 치약을 묻혀 세면대 수도꼭지 틈새까지 구석구석 닦아 주세요. 치약으로 닦아 주면 광이 잘 납니다. 배수구도 치약을 묻힌 칫솔로 닦아 주세요.

수도꼭지의 물이 나오는 거름망에는 구연산을 뿌려 두세요. 밤에 뿌려 두고, 아침에 물을 틀면서 청소하면 물때 찌꺼기가 많이 나옵니다. 마지막으로 마른 걸레로 닦아 주면, 세면대 청소가 마무리됩니다.

↑ 칫솔로 수도꼭지 틈새까지 청소

↑ 수도꼭지 물이 나오는 거름망에 구연산을 뿌린 후 다음 날 청소

✧ 욕실화 물때

욕실 바닥에 물기가 마르기 전까지 있다 보니 욕실화도 습기를 머금고 있는 시간이 길어져, 욕실화 바닥에 까만 물때가 잔뜩 끼기 마련입니다. 이걸 일일이 씻어 내기가 그리 쉽지 않습니다. 찌든 때를 불리기 위해서 베이킹소다를 희석한 따뜻한 물에 30분~1시간 정도 담가 두세요. 솔로 문질러 씻기 전에 욕실화를 물속에서 흔들면 때가 녹아 빠져 나옵니다. 남아 있는 물때는 칫솔이나 솔을 이용하여 마무리하면 됩니다. 욕실화를 세워서 벗어 두면 물때 끼는 속도가 느려집니다.

↑ 베이킹소다를 희석한 따뜻한 물에 담가 두기

↑ 물에 흔들어 물때 제거, 칫솔로 문질러 세척

✦ 타일 틈새

이미 곰팡이가 생겼다면, 베이킹소다를 젤 타입으로 만들어서 칫솔로 타일 틈새에 발라 주세요. 30분~1시간 지난 뒤, 한 번 더 문질러 주면 곰팡이가 제거됩니다. 깨끗하게 닦아내지 않으면, 베이킹소다 잔여물이 세균의 영양분이 될 수 있으니 주의하세요. 오래된 곰팡이는 천연 세제로 제거하기 힘들기 때문에 미리미리 청소해 주세요. 치약으로 타일 청소를 해도 효과가 좋아요.

곰팡이를 예방하는 것이 더 중요합니다. 물 사용이 많은 욕실을 사용한 뒤, 유리창 스퀴지를 이용하여 물기를 없애 주세요. 욕실 벽면도 유리창 스퀴지로 물을 제거하세요. 곰팡이 예방하는 데 최고의 방법이에요.

타일 틈새는 청소를 하고 물기가 없는 상태에서 그 틈새에 양초를 문질러 주세요. 파라핀 성분에 의해 타일 틈새에 물기가 고이지 않고 방수가 되어, 곰팡이 성장을 억제할 수 있습니다. 샤워 후 뜨거운 물을 뿌리거나 환기를 잘 시키는 것도 좋은 방법이에요.

↟ 베이킹소다로 타일 틈새 곰팡이 청소

↟ 물기 없이 타일 관리

↟ 유리창 스퀴지로 타일을 물기 없이 관리

↟ 타일 틈새 양초로 코팅하기

4
다용도실·베란다 수납하기

다용도실은 주로 세탁실로 사용하지만 주방과 연결되어 있어,
세탁과 주방 관련 물건을 모두 수납하는 공간입니다.
여러 물건을 보관해야 하는 베란다와 함께 수납정리하는 방법을 알아볼게요.

1 다용도실

개방된 선반이나 수납장은 내부 상태가 다 보여서
수납 효과가 떨어집니다. 빨래를 말리기 위해 창
문을 열어 놓으면 수납된 물건에 먼지가 많이 쌓
여요. 감추는 수납을 하면, 청소와 수납이 더 효
율적이에요.

↑ 다용도실에 수납공간이 작다면, 별도 수납장을 설치

✦ 다용도실 벽면

다용도실 벽면에 네트망을 설치하고 네트망 일자 훅을 걸어요. 훅에 세탁소 옷걸이를 거꾸로 걸면 엉키지 않고 바로 꺼내서 사용할 수 있어요. 세탁소 옷걸이는 제대로 관리 못하면 서로 엉켜 필요할 때 하나를 빼내기가 쉽지 않아요.

⬆ 다용도실 세탁기 옆 벽면에 옷걸이 종류별로 걸기   ⬆ 옷걸이 거꾸로 걸기

 수납 TIP **콘센트 덮개**

다용도실에 있는 사용하지 않는 콘센트는 요구르트병 뚜껑으로 덮어 먼지를 막아 주세요. 뚜껑에 구멍을 뚫어 케이블 타이를 끼우면 손잡이로 적당합니다.

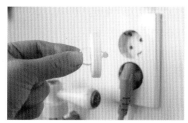

✦ 수납장 활용하기

다용도실에 수납장이 있으면 세탁용품이나 자주 사용하지 않는 주방용품
등을 보관할 수 있어 편리합니다.

↑ 손잡이가 달린 바구니를 2단으로 포개어 빨래 바구니로 사용,
아래는 어두운색, 위에는 밝은색 옷을 담아 구분.
수납장 위에 빨래 바구니와 세탁망, 비닐봉지를 수납

↑ 청소용 소주, 세탁망, 비닐봉지를
길쭉한 바구니에 수납하여
수납장 위 안쪽 공간까지 활용

↑ 수납장 문 두께에 맞춰, 세탁소 옷걸이로
만든 'ㄹ'자 고리

↑ 'ㄹ'자 고리를 수납장 문에 걸고,
비닐봉지를 걸어 폐비닐 수거

 생활 TIP **폐비닐 분리수거 배출법**

폐비닐에 붙은 스티커와 이물질을 반드시 제거해서 분리수거해야 합니다.
폐비닐을 반으로 잘라 펼치면 안에 있던 이물질이 쉽게 빠져요. 3~4번 접어서
모으면 부피를 줄일 수 있어요. 폐비닐 내용물이 보이는 투명 비닐봉지에 모아
묶어서 배출해야 합니다. 참고로 폐비닐을 딱지 접기 해서 버리면, 이물질 확인이
어려워 그냥 폐기 처분한다고 해요.

수납 TIP **비닐봉지 접기**

비닐봉지는 접어서 보관하면 부피가 적어져 수납도 쉽고 비닐봉지의 크기를 식별하기도 쉬워져요.

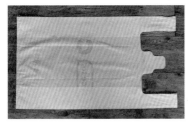

1 비닐봉지를 크게 편다.

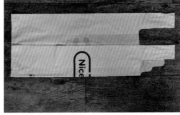

2 3등분하여 접는다.

3 비닐봉지 입구 쪽으로 공기를 빼 준다.

4 손잡이 부분이 올라오도록 반으로 접는다.

5 반으로 접은 상태에서 3등분하여 봉지 끝부분부터 접는다.

6 봉지마다 같은 방법으로 접으면 크기도 쉽게 식별할 수 있다.

⬆ 접은 비닐을 수납함에 세워서 보관

생활 TIP **종량제봉투 수납**

종량제봉투는 서랍에 수납해도 되지만, 다용도실 문 뒤쪽에 세탁소 옷걸이에 수건 걸듯이 종량제봉투를 걸면 따로 접는 번거로움도 없고 별도 공간도 필요하지 않습니다.

⬆ 세탁소 옷걸이에 신문지, 달력, 이면지 등 종이로 돌돌 말아 감아 줌

⬆ 종량제 봉투를 걸어 두어도 종이 힘으로 아래로 쳐지지 않음

⬆ 액체 세제는 사용량을 확인할 수 있는
펌프 용기에 담아 수납장 위에 보관

⬆ 천연 가루 세제(베이킹소다, 구연산,
과탄산소다)는 습기 방지를 위해
밀폐형 양념통에 덜어서 보관

⬆ 세탁·청소 관련 용품끼리 수납

⬆ 바구니를 여러 개 넣어서 종류별로 분류

⬆ 가루 세제만 모아 수납

⬆ 샴푸, 바디샴푸, 세제 여유분을 종류별로 바구니에 수납

↑ 자주 사용하지 않는 주방용품과 식기류 등 수납

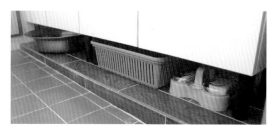

↑ 수납장 안에 들어가지 않는 대야, 넣기 곤란한 빨랫비누 등을
수납장 다리 공간에 보관

↑ 서늘한 그늘에 보관하는 양파나 감자 같은 식재료를 수납장
다리 공간에 보관

↑ 바구니 2개를 케이블 타이로 연결해서 긴 서랍처럼 사용,
분류도 수월함

↑ 수납장 문 안쪽에 바구니 2개를 달아서 소소한 물건을 수납

↑ 분리수거 바구니는 바닥에 두면 물때가 생길 수 있으니,
세탁소 옷걸이로 맞춤형 고리를 만들어 창틀에 걸어 사용

✦ 다용도실 입구 수납장

다용도실 입구 수납장은 주방과 바로 연결되어 있어 관련 물건을 보관하는 것이 좋아요.

↑ 높낮이 길이 조절이 가능한 조립 선반을 추가, 큰 냄비들 수납

↑ 냄비 크기에 맞춰, 선반 높이 조절

↑ 가끔 사용하는 큰 냄비, 키친타월 등 주방용품 수납

↑ 먼지가 묻지 않도록 뚜껑 있는 수납함에 보자기 보관

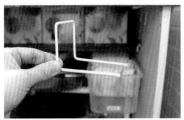

↑ 세탁소 옷걸이를 북스탠드로 활용해 보자기 고정

 ## 수납 TIP 북스탠드 만들기

세로 수납을 하면, 남는 공간 때문에 물건이 쓰러져요. 북스탠드로 고정하면 내용물이 쓰러지지 않는데, 원하는 크기가 없다면 세탁소 옷걸이로 직접 만들어 활용할 수 있어요.

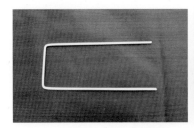

1 세탁소 옷걸이를 'ㄷ'자 모양으로 구부려 준다.

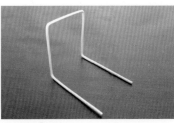

2 'ㄷ'자 모양에서 원하는 높이에 맞춰 직각으로 한 번 더 구부린다.

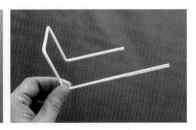

3 날카로운 끝부분에 빨대를 끼운다.

🪑 2 베란다

베란다는 빨래 건조대 사용 외에는 발길이 자주 닿지 않는 곳이어서 잡다한 물건을 쌓아 두는 경우가 많아요. 가끔 사용하는 물건들을 보관하기도 해서 혼잡해지고, 먼지가 쌓이기 쉬운 환경이에요.

⬆ 위 칸 : 선풍기, 아이스박스, 야외용 돗자리 같은 계절용 물건 수납

⬆ 베란다 창고에 자주 사용하지 않는 물건 보관

⬆ 아래 칸 : 상자로 수납, 제품 본래의 상자가 보관하기 쉬움

⬆ 대야는 크기순으로 포개어 세워 두기

⬆ 채반은 같은 크기로 구매하면 수납이 쉬움

⬆ 비교적 자주 사용하는 물건은 넣고 꺼내기 편한 서랍장에 수납

✻ 친환경 세제

합성 세제는 석유 화학 계면활성제, 인산염, 인공향 등을 첨가해요. 그래서 제대로 세척하지 않으면 몸에도 좋지 않고 자연환경도 해치게 돼요. 대표적인 친환경 제품을 활용한 청소 방법을 소개할게요.

✦ 쌀뜨물

자칫 흘려버리기 쉬운 쌀뜨물에는 유익한 성분이 많아서, 다양한 방법으로 유용하게 쓸 수 있어요.

설거지

쌀뜨물은 세정효과가 있어 세제가 없이도 오염물을 말끔하게 제거합니다. 미세한 전분 입자가 오염물질을 흡수하여 지방 성분을 없애 줍니다. 특히, 뚝배기는 쌀뜨물로 설거지하세요. 쌀뜨물의 녹말 성분이 뚝배기에 미세한 틈이 생기는 것을 방지해 오래 사용할 수 있어요. 뚝배기에는 숨구멍이 있어 주방세제로 설거지하면 그 안으로 세제가 스며들어요. 그래서 음식을 끓일 때 뚝배기 안에 머금고 있던 세제 성분이 국물 속으로 들어가요. 주방세제로 설거지했다면 물을 가득 부어 팔팔 끓여서 스며든 세제를 빼내세요.

🔺 쌀뜨물로 뚝배기 설거지하기

생활 TIP **쌀뜨물 활용 & 보관하기**

쌀을 씻을 때 너무 세게 문지르면, 영양분이 다 씻겨 나가요. 손가락 사이로
가볍게 흔들어 주는 느낌으로 저어 주세요. 첫 번째 씻은 물은 이물질과
먼지가 빠져나오니 버려요. 두세 번째 씻은 쌀뜨물을 음식에 사용합니다.
쌀뜨물은 빨리 상하기 때문에 냉장 보관하세요. 3〜4일 보관할 수 있어요.
손에 상처가 있거나 손으로 쌀을 씻기 난감할 때는 거품기로 대신하세요.

1 국물 감칠맛 내기

쌀뜨물은 국이나 찌개의 재료 맛을 잡아주어 한결 구수하고 깊은 감칠맛을
나게 합니다. 남은 국에 쌀뜨물을 부어 데우면, 처음 끓였을 때의 맛을
유지해요. 미역국은 쌀뜨물로만 끓여도 구수하고 감칠맛이 나요.

2 생선 비린 맛과 짠맛 줄이기

쌀뜨물은 생선, 육수의 비린 맛을 제거해 줘요. 짠맛이 강한 자반고등어를
쌀뜨물에 30분 정도 담가 두세요. 불순물, 짠맛, 비린내를 제거돼요.
쌀뜨물의 영양 성분도 흡수되고, 생선 탄력도 좋아집니다.

3 채소 떫은맛과 아린 맛 줄이기

토란, 도라지, 우엉, 냉이 등을 쌀뜨물과 함께 삶으면 식재료 특유의 떫고
아린 맛을 잡아줍니다. 쌀뜨물의 녹말 성분이 표면을 감싸줘 산화를
방지하기 때문이에요. 특히, 고사리를 쌀뜨물에 담가 두었다가 삶으면
자연독소 성분을 배출시켜 줍니다.

✧ 베이킹소다

베이킹소다는 세척, 살균, 탈취, 제습 효과가 있어, 집 안 구석구석에 사용할 수 있어요. 그리고 천연 물질이라 생활하수로 흘려 보내도 수질 오염을 일으키지 않아요.

스테인리스 찜기 채반

접이식 스테인리스 찜기 채반은 음식물 찌꺼기 등으로 때가 쉽게 끼게 됩니다. 겹쳐진 부분까지 닦기는 어려워요. 이럴 때는 베이킹소다를 희석한 물에 스테인리스 채반을 담그고 끓이기만 해도 때가 쉽게 제거해요. 찌든 때의 정도에 따라 베이킹소다 양과 끓이는 시간을 조절하세요. 찌든 때가 심하면 끓이는 시간을 늘리거나 한 번 더 끓이세요.

⬆ 겹쳐진 부분까지 묵은 때가 심한 스테인리스 채반

⬆ 스테인리스 채반을 베이킹소다를 넣은 물에 끓이면 물이 누렇게 변함

 생활 TIP **베이킹소다 사용 시 주의사항**

물과 희석해 둔 베이킹소다는 시간이 지날수록 세정력이 떨어져요. 필요할 때마다 만들어 쓰는 것이 더 좋아요. 청소를 하고 나서, 뿌옇게 잔여물이 남지 않도록 충분히 닦아야 해요.

요리할 때, 프라이팬을 새까맣게 태운 적이 있을 거예요. 프라이팬이나 냄비가 스테인리스로 된 제품이라면, 베이킹소다로 세척해 보세요. 음식물이 타고 눌어붙은 자리에 물을 부은 다음, 베이킹소다를 넣고 약한 불에서 은근하게 끓인 후 부드러운 수세미나 행주 등으로 닦아 주세요.

↟ 스테인리스 프라이팬에 음식물이 타서 눌어붙음

↟ 베이킹소다를 넣고 약한 불에서 끓인 후, 부드러운 수세미로 닦기

 생활 TIP **너무 탄 프라이팬 & 냄비**

너무 많이 탄 스테인리스 프라이팬이나 냄비는 베이킹소다를 섞은 물에 끓였다가 닦은 후, 한 번 더 같은 과정을 반복합니다. 스테인리스가 까맣게 타고 연기가 날 때 당황해서 찬물에 담그면, 스테인리스 재질이 갈변되어 원상태로 되돌리기 어려워요. 이런 경우에는 서비스를 맡겨 갈변된 부위를 깎아내야 해요.

주전자 물때

스테인리스 주전자는 물을 따르는 주둥이가 있어 세척이 쉽지 않아요. 물과 베이킹소다를 넣은 뒤 끓였다가 닦아 주면, 주전자에 낀 물때나 찌든 때 등을 없앨 수 있어요. 수세미가 들어가지 않는 주둥이는 칫솔로 닦아 주세요.

♠ 주전자에 물을 붓고, 베이킹소다 넣어 끓이기   ♠ 주둥이 부분은 칫솔로 세척

식기에 낀 물때

설거지가 제대로 되지 않으면 물때가 끼게 돼요. 이때도 베이킹소다를 이용하면 물때를 쉽게 없앨 수 있어요. 수세미에 베이킹소다를 묻혀서 닦거나 그릇이 많다면 따뜻한 물에 베이킹소다를 희석한 뒤 담가 두었다가 설거지하세요. 그릇에 낀 물때를 쉽게 제거할 수 있어요.

♠ 그릇 뒷면에 낀 물때

믹서기

믹서기를 사용하다 보면, 음식물이 흘러내려 얼룩처럼 굳어진 경우가 있어요. 이 얼룩도 베이킹소다를 칫솔이나 행주 등에 묻혀 닦아 보세요. 오래되지 않은 얼룩은 쉽게 지워집니다. 믹서기 날에 끼인 묵은 때는 물과 달걀 껍질을 넣고 돌려 주세요. 안전하게 세척할 수 있습니다.

♠ 베이킹소다를 묻혀 칫솔로 닦기

귀걸이

귀걸이를 오래 착용하면 땀과 피지 등으로 인해 침 부분이 푸르게 변합니다. 이렇게 변색된 귀걸이는 베이킹소다를 희석한 물에 5분 정도 담가 두었다가 칫솔로 살살 문질러 주세요. 푸른색 때는 없어지고 반짝거리는 광택까지 살아나게 됩니다. 색이 변한 은수저도 같은 방법으로 세척하면 됩니다.

↑ 베이킹소다를 희석한 물에 담갔다가
칫솔로 닦기

방문

방문에 묻은 때는 바로 닦는 것이 가장 좋아요. 하지만 찌든 때가 되었다면, 베이킹소다에 물을 조금 부어 젤 타입으로 만든 천연세제를 극세사 걸레에 묻혀 닦아 보세요. 수세미로 닦으면 방문에 흠집이 생겨 때가 더 잘 끼게 되니, 꼭 극세사 걸레를 사용하세요.

↑ 젤 타입 베이킹소다를 묻혀 극세사
걸레로 닦기

걸레질

걸레를 마지막으로 적셔 짜낼 때, 베이킹소다를 희석한 물에 해보세요. 걸레질이 훨씬 수월하고 바닥 때가 더 잘 닦여요.

↑ 베이킹소다를 희석한 물을 묻혀 걸레질
하기

✦ 소금

소금은 살균력과 수분을 함유하고 있어 흡착하는 성질이 있어요. 물병, 도마 등을 살균할 때 쓸 수 있습니다. 청소나 살균 등에 사용하는 소금은 굵은소금이나 천일염을 사용해야 효과가 좋아요.

달걀

실수로 달걀을 바닥에 떨어뜨렸을 때, 곧바로 닦으면 달걀의 미끈거리는 성질 때문에 제거하기 쉽지 않아요. 시간이 지나 달걀이 마른 뒤 닦으면, 바닥에 말라붙어 딱딱하게 굳어 버립니다.

달걀을 떨어뜨렸을 때는 바로 그 위에 굵은소금을 뿌리고 5~10분 두었다가 닦아 주세요. 소금이 단백질을 만나면 응고되기 때문에, 쉽게 제거할 수 있습니다.

⬆ 떨어뜨린 달걀 위에 굵은소금 뿌리기   ⬆ 응고된 달걀

물병

물병은 손이 안 들어가서, 안쪽까지 깨끗하게 세척하기 어려워요. 물로만 세척하여 계속 사용하면 하수구 수준으로 물이 오염이 된다고 합니다. 소금을 이용하면 이런 물병을 깨끗하게 세척할 수 있어요. 물병 속에 굵은소금과 물 약간을 넣고 솔로 문질러 주세요. 입구가 좁은 물병에 물때가 끼었다면, 굵은소금을 넣고 흔들어 주세요.

⬆ 굵은소금과 물 약간을 넣고 흔들어서 세척하기

도마

요리 필수품, 도마를 제대로 세척하지 않으면 변기보다도 세균이 더 많아집니다. 특히 도마 표면에 생긴 칼 자국 사이에 세균이 번식하기 때문에 청결한 관리가 필요합니다. 고무장갑을 낀 손으로 굵은소금과 식초를 뿌린 뒤 박박 문질러 주세요. 5분 뒤, 80도 이상의 뜨거운 물을 부어 열탕 소독을 하세요. 칼이나 주방 가위도 베이킹소다로 닦아 준 다음 도마처럼 열탕 소독하면 세균을 없앨 수 있어요.

TIP ⋯ 소금과 식초를 섞으면, 천연 소독제가 됩니다.

⬆ 도마에 굵은소금과 식초를 뿌리고 박박 문지르기

 생활 TIP **도마 관리하기**

세균에 취약한 도마를 위생적으로 관리하는 방법을 알려 드릴게요.

1 재료마다 전용 도마

보통 도마 하나에 여러 식재료를 사용하는데, 최소한 도마 2개를 쓰세요. 육류·생선용과 채소·과일용으로 도마를 분리하면, 깨끗하고 청결하게 사용할 수 있어요.

2 바짝 말려 보관

살균을 잘해도 일광 소독만큼 효과적인 것은 없어요. 살균한 도마를 햇볕이 잘 들고 통풍이 잘 되는 곳에서 건조하세요. 도마를 행주로 닦아 젖은 채로 보관하면 오히려 세균이 번식하니 주의하세요.

3 일회용 우유팩 도마

도마는 칼질로 흠집이 생겨 박테리아가 서식할 수 있어요. 그래서 사용기한은 1년 정도입니다. 칼질로 흠집이 많이 생겼다면 버리고 새로 구입하세요. 고기나 생선 등을 자를 때마다 칼자국이 더 깊어져, 세균이 더 쉽게 번식돼요. 우유팩을 일회용 도마로 활용하세요. 우유팩을 깨끗하게 씻어 잘 말려 두었다가, 고기나 김치 등을 자를 때 도마 위에 얹어서 칼질하세요. 도마에 흠집도 안 나고 냄새나 김칫물이 배지도 않아요.

✦ 소주

소주에 있는 알콜 성분이 지방을 분해하는 효과가 있어, 기름때를 쉽게 제거합니다. 살균작용도 뛰어나서 세제로 활용할 수 있어요.

기름때

소주의 알콜 성분은 지방을 분해시키기 때문에 기름기 제거에 탁월한 효과가 있어요. 가스레인지나 레인지 후드 등에 기름때가 있다면, 분무기에 소주를 넣어 뿌려 주세요. 그리고 때가 불기를 기다렸다가 닦아 주면 됩니다.

↑ 분무기에 소주 넣어 뿌리기

새 가구

새 가구에서 나는 냄새가 싫다면, 설치 후 먼저 환기를 시킨 다음 걸레에 소주를 적셔서 닦아 주세요. 이때 가구 바깥 부분은 도장에 문제가 생길 수 있으므로 안쪽 내부만 닦아 줍니다. 그리고 문을 열어 말리면, 냄새를 어느 정도 날려 버릴 수 있어요. 그래도 가구 냄새가 난다면 원두커피 찌꺼기를 말려 옷장 속에 넣어 보세요.

↑ 새 가구 내부를 소주로 닦기

집 안 잡내

생선이나 삼겹살을 집에서 구우면 집 안에 냄새가 나죠. 이때 분무기에 소주를 넣어 주방이나 거실에 뿌려 주세요. 그러면 고기나 생선 냄새를 제거할 수 있어요. 전을 부친 기름 냄새와 기름얼룩도 소주를 분무하여 주면 쉽게 없앨 수 있어요. 옷이나 머리카락 등에 배어 있는 고기와 담배 냄새도 가능해요. 섬유에 따라 얼룩이 생길 수 있으니, 안감에 뿌리거나 30cm 이상 떨어진 곳에서 뿌려요.

↑ 소주를 뿌려 고기 냄새 제거

유리 세정제

유리창을 닦을 때, 유리 세정제를 사용한다면 직접 만들어 보세요. 분무기에 물과 소주를 1:1로 혼합한 뒤, 주방 세제 2~3방울 첨가하세요. 이렇게 만든 유리 세정제를 때가 낀 창문에 뿌리고 극세사 천으로 닦으세요.

↑ 물과 소주, 주방 세제 2~3방울로 만든 유리 세정제

✦ 식초(구연산)

식초의 산성은 세균 번식을 억제하고 물때를 녹이는 효과가 있어요. 세척이 어려운 전기밥솥이나 전기 주전자의 물때를 제거하는 천연 세제로 아주 좋아요. 섬유유연제로도 활용할 수 있어요. 식초 대신 저렴한 구연산을 사용해도 돼요. 구연산은 식초처럼 냄새가 없어, 청소나 살균에 사용하면 좋아요.

전기밥솥

전기밥솥 같은 조리 도구는 일반 세제보다 천연 세제로 청소하는 것을 추천해요. 전기밥솥의 1/3 정도 물을 넣고, 식초를 밥숟가락으로 한 숟갈을 넣으세요. 밥솥에 '자동세척코스'가 있다면 작동하고, 없다면 '취사'를 작동한 뒤, 약 20분 뒤에 '취소' 버튼을 누르세요. 그리고 밥솥 뚜껑도 분리하여 식초를 행주에 묻혀 닦은 후, 마른행주로 다시 한 번 닦아 주세요.

↑ 물과 식초를 넣고 '취사' 작동하여 살균   ↑ 뚜껑은 분리하여 닦기

 생활 TIP **전기밥솥, 보이지 않는 곳까지 닦기**

전기밥솥 내부 청소도 중요하지만 증기배출구, 물고임부, 압력추, 증기배출구 부분도 잘 닦아야 해요. 구석진 부분이나 행주 등으로 청소가 힘든 부분은 면봉에 식초를 묻혀 닦으세요. 면봉으로도 닦기 힘든 부분은 이쑤시개로 닦으세요. 외부도 밥솥 내부를 청소할 때 쓰던 식초물을 행주에 묻혀서 닦고, 마른행주로 다시 닦으면 깨끗하게 돼요.

↑ 틈새는 면봉으로 닦기

전자레인지

물과 식초를 5:1 비율로 담은 그릇을 전자레인지에 4~5분 가동시켜, 물이 끓어 내부 벽면에 수분이 맺히면 약 5분 정도 두었다가 행주로 깨끗이 닦아 주세요. 묵은 때가 심해 잘 지워지지 않으면 같은 과정을 반복해 주세요. 회전접시와 회전링은 분리해서 세제를 이용하여 깨끗이 씻어 말리세요. 전자레인지 내 수분은 마른행주로 닦아 제거하세요. 그리고 완전한 내부 건조를 위해 잠시 문을 열어 두세요. 삶기, 데우기 등을 하고 바로 전자레인지 문을 닫으면 안 돼요. 내부에 남아 있는 수분이 묵은 때와 세균번식의 원인이 됩니다. 실내등과 배기구에는 식초물을 직접 뿌리지 말고 젖은 행주에 묻혀 닦아 주세요. 전자레인지 사용 시 용기에 뚜껑을 덮어 주세요. 아니면 음식물이 튀어 내부가 금방 더러워집니다.

⬆ 물과 식초를 담은 그릇을 전자레인지에 넣어 작동

⬆ 마른행주로 남은 수분 닦기

⬆ 회전접시와 회전링은 분리해서 세제로 세척 후 건조

스테인리스 냄비 무지개 얼룩

스테인리스 냄비에 무지개 빛이 돌거나 하얀 얼룩 반점이 생기기도 해요. 물과 산소가 만나서 산화피막이 생긴 현상으로, 스테인리스 그릇만의 특징이에요. 이런 무지개 얼룩이 생겼으면 식초를 묻힌 젖은 행주로 살살 닦아 주세요. 스테인리스 그릇을 설거지했다면 행주로 물기를 닦고 말려야 무지개 얼룩이 안 생겨요. 무지개 얼룩은 외관상 깔끔하지 않을 뿐 인체에는 해가 없습니다.

⬆ 행주에 식초 묻혀 닦기

⬆ 무지개 얼룩 없는 깨끗한 스테인리스 냄비

수도꼭지 & 샤워기 헤드

싱크대 수도꼭지와 욕실 샤워기 헤드는 먹는 물, 몸 씻는 물이 나오는 곳으로 건강을 위해 청소를 자주 해야 해요. 수도꼭지와 샤워기 헤드를 따뜻한 물과 식초를 5:1 비율로 담은 물에 30분~1시간 담가 두면, 수전에 붙은 석회 침전물이 녹아 없어집니다. 잔여 물때는 칫솔로 마무리하세요.

TIP … 희석액의 산성 성분이 남으면 부식될 수 있으니, 깨끗하게 헹궈야 합니다.

⬆ 싱크대 수도꼭지 헤드 물때   ⬆ 식초 희석한 물에 담가 두었다가 세척

장난감

장난감은 아이가 입에 넣어 물고 빨기 때문에 확실한 청소와 소독이 필요해요. 블록 같은 플라스틱 재질은 식초를 희석한 미지근한 물에 10~20분 담가 두었다가 세척하세요. 물에 담글 수 없는 장난감이라면 물과 식초를 4:1 비율로 섞어 헝겊에 묻혀 닦고, 틈새는 면봉으로 닦은 후, 깨끗한 마른 수건으로 마무리하세요. 세균도 없애고 정전기 발생도 감소돼요.

⬆ 헝겊에 식초 묻혀 닦기

털 인형

털 인형에는 집먼지진드기가 서식하고 있어요. 이 진드기는 두들기면 가루 형태로 부서집니다. 페트병 등으로 인형을 두들겨 먼지를 털어 낸 다음, 물과 식초를 1:1 비율로 섞어 분무기에 담아 인형에 뿌리고 일광 소독하면 집먼지진드기를 없앨 수 있어요. 너무 많이 뿌리면 수분 때문에 다른 세균이 생길 수 있으니 살짝 뿌리세요.

TIP … 일광 소독이 어렵다면 헤어드라이어로 말리세요.

⬆ 물과 식초를 1:1로 섞은 뒤 인형에 뿌리기   ⬆ 햇볕에 소독하기

1 달걀말이 할 때

달걀을 거품기로 풀 때 식초 2~3방울을 넣으면, 달걀에 탄력이 생겨서 부서지지 않고 잘 말아져요. 빵칼로 자르면 더 잘 잘려요.

2 김밥 자를 때

김밥을 자를 때 칼에 밥이 달라붙고 단면을 깔끔하게 자르기 어려우면, 칼에 식초를 살짝 묻히고 썰어 보세요. 밥이 달라붙지도 않고 깔끔하게 잘립니다. 밥에 식초를 살짝 넣으면 김밥이 상하는 속도도 늦출 수 있어요.

3 건어물 볶음 반찬 할 때

마른 멸치, 건새우 등 건어물로 밑반찬을 할 때 식초를 살짝 넣으면 비린 맛이 없어지고 윤기가 돌아요. 식초는 휘발성이라 조리하는 동안 신맛이 날아가요.

4 라면 끓일 때

식초 2~3방울을 넣어 보세요. 식초의 산성 성분이 면발의 단백질을 응고시켜 면발이 탱탱해집니다.

5 고기 산적 구울 때

고기를 꼬치에 끼우기 전에 식초물에 살짝 담갔다가 끼우면, 먹을 때 산적이 쉽게 빠져요.

6 생선 구울 때

조기처럼 생선살이 쉽게 으스러지는 생선은 굽기 전에 표면에 식초를 살짝 발라 주세요. 단백질 성분이 응고되어 잘 으스러지지 않아요. 생선찌개를 할 때도 식초를 넣으면 생선살에 탄력이 생겨요.

7 덜 익은 김치로 김치찌개 끓일 때

덜 익은 김치로 김치찌개를 끓일 때 마지막에 식초를 조금 넣으세요. 유기산으로 인해 신김치로 끓인 것 같은 맛을 낼 수 있어요. 식초는 휘발성이 강해서 끓는 동안 국물에 신맛은 날아가기 때문에 괜찮습니다.

8 오래 사용한 크리스털 잔

크리스털 잔은 오래 사용하다 보면 뿌옇게 되거나 컷팅 무늬 사이에 때가 낄 수 있어요. 따뜻한 물에 식초를 희석하여 담가 두었다가 부드러운 수세미로 닦아 주세요. 윤이 나게 잘 닦입니다.

9 세탁 헹굼 할 때

마지막 헹굼에 사용하면 섬유에 남아 있는 세제 찌꺼기를 없앨 수 있어요. 섬유유연제 역할도 해요. 식초 향은 빨래가 마르면서 같이 휘발됩니다. 식초 대신 구연산으로 해도 됩니다.

✧ 원두커피 찌꺼기

집에서 커피를 내려 마시기도 하고, 카페에서도 원두커피 찌꺼기를 쉽게 구할 수 있어요. 원두커피 찌꺼기는 친환경 세제 및 탈취제로 사용할 수 있어요.

말리기

원두커피 찌꺼기는 완전히 말려서 사용해야 해요. 덜 말리면 오히려 곰팡이가 생겨요. 적은 양이면 전자레인지로 건조해도 되는데, 원두커피 찌꺼기가 젖은 상태에서만 돌리세요. 말린 원두커피 찌꺼기는 냉장고 등에 넣어 두고 필요한 만큼 꺼내 사용하세요.

⬆ 손에 가루가 묻으면 덜 마른 상태 ⬆ 완전히 마르면 손에 잘 묻지 않음

탈취제

말린 원두커피 찌꺼기를 다시백 봉투에 담아 냉장고나 신발장 등 집 안에서 탈취가 필요한 곳에 놓아 주세요.

⬆ 다시백 봉투에 담아 탈취제로 사용

플라스틱 용기 냄새 제거

플라스틱 용기에 음식물을 보관하면 냄새가 잘 배서, 다음에 다른 음식물을 담기가 어려워요. 원두커피 찌꺼기를 담아서 뚜껑을 닫고 하루 정도 지난 뒤, 물로 헹궈 주면 냄새가 없어져요.

⬆ 플라스틱 용기에 담아 하루 뒤에 헹구기

프라이팬 기름 제거

고기나 생선 등을 프라이팬에 굽고 나서 생긴 기름때와 생선 비린내도 원두커피 찌꺼기로 제거할 수 있어요. 기름기 있는 프라이팬에 원두커피 찌꺼기를 넣은 뒤, 기름기를 닦으면서 살짝 볶으세요. 접시에 있는 생선 기름기도 커피 찌꺼기로 살짝 닦아 주고 물로 헹구면 돼요. 사용한 찌꺼기를 개수대에 버리면 배수구가 막히니 반드시 쓰레기통에 버리세요.

↑ 기름기 있는 프라이팬에 넣고 살짝 볶기   ↑ 기름기 제거한 찌꺼기를 키친타월로 닦기

음식 쓰레기 악취 제거

여름철에는 음식물 쓰레기에 악취와 초파리가 잘 생겨요. 빨리 치우는 게 가장 좋지만, 음식 쓰레기봉투를 다 채우지 않은 상태에서는 버리기 아까워요. 음식물 쓰레기 위에 원두커피 찌꺼기를 뿌려 보세요. 초파리도 잘 생기지 않고 악취가 나는 속도도 늦출 수 있어요.

↑ 음식물 쓰레기에 뿌리기

화초 배양토

원두커피 찌꺼기를 화초 배양토로 활용하세요. 원두커피 찌꺼기에는 양질의 질소가 풍부해서 배양토로 좋아요. 흙과 원두커피 찌꺼기를 9:1로 섞어 주면, 해충도 덜 생기고 화초도 잘 자라요.

TIP … 많은 양을 사용하면 오히려 원두커피 찌꺼기에 곰팡이가 피고, 벌레가 생길 수 있으니 주의하세요.

↑ 화초 배양토로 활용